光尘
LUXOPUS

U0527698

CARE to DARE

Unleashing Astonishing Potential
through Secure Base Leadership

潜能觉醒

职场和人生大突围

［美］乔治·科尔里瑟（George Kohlrieser）

［美］苏珊·高兹沃斯（Susan Goldsworthy）

［美］邓肯·库比（Duncan Coombe）／著

袁昭涵／译

北京联合出版公司
Beijing United Publishing Co., Ltd.

图书在版编目（CIP）数据

潜能觉醒：职场和人生大突围 /（美）乔治·科尔里瑟，（美）苏珊·高兹沃斯，（美）邓肯·库比著；袁品涵译 . -- 北京：北京联合出版公司，2024.10.
ISBN 978-7-5596-7930-7
I. B848.4-49
中国国家版本馆 CIP 数据核字第 20240NH668 号

Care to dare : unleashing astonishing potential through secure base leadership / by George Kohlrieser, Susan Goldsworthy, Duncan Coombe.
ISBN 978-1-119-96157-4
Copyright © 2012 John Wiley & Sons
All Rights Reserved. This translation published under license. Authorized translation from the English language edition, Published by John Wiley & Sons . No part of this book may be reproduced in any form without the written permission of the original copyrights holder Copies of this book sold without a Wiley sticker on the cover are unauthorized and illegal

北京市版权局著作权合同登记图字：01-2024-4740 号

潜能觉醒

作　　者：［美］乔治·科尔里瑟　［美］苏珊·高兹沃斯　［美］邓肯·库比
译　　者：袁品涵
出 品 人：赵红仕
策划编辑：罗洁馨
责任编辑：孙志文
营销编辑：谢寒霜　王林亭　王文乐
特约监制：贝为任　李思丹
项目支持：上官小倍
出版统筹：慕云五　马海宽
装帧设计：SOBERswing

北京联合出版公司出版
（北京市西城区德外大街 83 号楼 9 层 100088）
北京联合天畅文化传播公司发行
北京中科印刷有限公司印刷　新华书店经销
字数 241 千字　710 毫米 ×1000 毫米　1/16　19 印张
2024 年 10 月第 1 版　2024 年 10 月第 1 次印刷
ISBN 978–7–5596–7930–7
定价：79.00 元

版权所有，侵权必究
未经书面许可，不得以任何方式转载、复制、翻印本书部分或全部内容。
本书若有质量问题，请与本公司图书销售中心联系调换。电话：（010）64258472-800

致我生命中的年轻人（我的孩子们）——保罗、安德鲁、本和莉莉，你们一直让我充满灵感，你们是代表未来的潜能型领导者。我们的世界需要你们。

——乔治

致帕梅拉，一位潜能型母亲的缩影，同时致奈杰尔，感谢我们携手共度的旅程。

——苏珊

致我最初的，也是最持久的安全基石——我的母亲帕特里夏和父亲安东尼。

——邓肯

译者序

（一）安全基石：一块托举个人成长的关键基石

北京时间 2024 年 7 月 27 日，第 33 届夏季奥林匹克运动会开幕式在法国巴黎举行，"更高、更快、更强——更团结"的国际运动赛事再次与爱好和平、主张团结、打破偏见、为人类极限衷心喝彩的全世界人民如约而至。

奥运会不仅是热闹非凡的竞技场，更是令人动容的个人成长案例库。无论我们把关注的光束投向哪位运动员，我们总能从他背后洞见一段段令人肃然起敬的成长经历，见证他从不知潜力为何物到知晓潜力、运用潜力、成就自我的华丽蜕变，进而使我们每个人从中汲取共情的感动和不断前进的动力。

"如果没有我的父母，我今天就不会在这里。我没有出生在一个富裕的家庭，但我的父母尽他们所能地支持我继续打网球。""我的父亲是个有趣的人，他总是相信我，从我 12 岁以来他都告诉我，总有一天你会成为大满贯冠军，成为真正的冠军。即使我输掉了比赛，他还是相信我。而我的母亲一直都在背后支持我，照顾我的身心健康。"从 2019 年法网的突破到 2024 年巴黎奥运会领奖台上的辉煌历程，被大家称为"Queen Wen"的郑钦文背后是家庭的全力支持。

"只要看到不满意的地方，不管谁来都不行，我必须批评。""陈教练你就宠她吧。"在夺得 2024 年巴黎奥运会跳水女子 10 米台项目金牌后，全红婵红着眼眶和教练陈若琳紧紧相拥，而陈若琳也轻轻地捏着全红婵的脸。从 2021 年全运会后，陈若琳就成为全红婵的主管教练，她训练时对全红婵很严格，但生活中对全红婵的照顾是无微不至，她会帮全红婵梳头，甚至包里还塞着全红婵心爱的小乌龟玩具。当全红婵克服发育关、突破技术关、解决心态关，站上最高领奖台时，其背后是恩师陈若琳无微不至的关心。

…… ……

没有人是一座孤岛，每个人都是大陆的一片。家庭之于郑钦文，陈若琳之于全红婵，上述这两个事例让我们更加深切地意识到，潜能觉醒不是一蹴而就的，无论是自身成长还是他人成长，都不可避免地仰赖外力的良性引导和持续刺激。

在《潜能觉醒》中，乔治·科尔里瑟、苏珊·高兹沃斯和邓肯·库比三位作者用"安全基石"这一概念总结了上述事例中反映的共性原理。"安全基石"的定义是为勇于探索、承担风险、应对挑战提供保护感、安全感、关怀感，以及激励和力量的人、场所、目标或其他事物。这一概念的提出将我们对个人成长的规律性认识提升到了一个全新的高度。

在本书中，作者多次用攀岩运动不断加深我们对于"安全基石"概念的理解。在攀岩运动中，人们需要扮演攀岩者和保护者两类角色。攀岩所需的安全绳从攀岩高处的锚点穿出，绑住攀岩者，另一端牢牢控制在保护者手里。借助特殊装备收放安全绳，保护者既可以确保攀岩者有足够的移动自由，又能确保绳子不会过松而导致攀岩者滑坠。在攀爬过程中，保护者时刻留意攀岩者的情况，并根据需要收放绳子。正是因为保护者能够为攀岩者提供保护感、安全感、关怀感，即"关心关爱"，攀岩者才愿意或者勇于承担攀爬带来的潜在风险，即"勇敢奋激"。这便是"安全基石"的核心要义，它是促进个人成长、激发潜能觉醒的一体两翼。

（二）潜能领导力：成为安全基石的成长指南

本书从实践上、行动上就如何成为安全基石形成了系统详实的操作指南，即"潜能领导力"操作模式。人生成长就是不断激发潜能，跨越山河险要的历程。无论你身处什么样的成长阶段、从事什么样的工作、面临什么样的事件状态，"潜能领导力"的操作模式总能在关键节点激发你无穷无尽的潜能。

首先，三位作者构建起"1+2+4+9+N"框架体系，使潜能领导力成为能够落实落细的个人成长和潜能觉醒的实操手册。"1"指的是一条主线，即"安全基石"，这是潜能领导力的根本和基础。它的定义是：为勇于探索、承担风险、应对挑战提供保护感、安全感、关怀感，以及激励和力量的人、场所、目标或者实际物体。

"2"指的是两根支柱，即"关心关爱"和"勇敢奋激"，需要统筹兼顾、综合平衡。"关心关爱"对应的是"保护感、安全感、关怀感，以及激励和力量"，"勇敢奋激"对应的是"勇于探索、承担风险、应对挑战"。

"4"指的是围绕"关心关爱"和"勇敢奋激"所提出的四项重要原则，即"建立纽带关系，营造信任感""迎接改变：忘掉失丧、走出悲伤""聚焦：让'心灵之眼'迸发力量"和"自强不息"。

"9"指的是具体反映四项重要原则的九大特质，即"保持冷静""接纳他人""发现潜能""耐心倾听，细致查问""传递能量信息""引导思维取向""鼓励承担风险""激发内驱力"和"如影随形"。

"N"指的是将九大特质用于实践的诸多小技巧，能够让读者有针对性地补齐自己在涉及个人成长和潜能觉醒各方面的短板。

其次，作者围绕理论框架体系讲述了海量故事，有助于读者在"安全基石"形成的源头处预见潜能觉醒的迸发处，又从潜能觉醒的迸发处回看个人成长的关键处。无论是史蒂夫·乔布斯带领苹果公司完成从跌入深渊到成为世界上最具商业价值企业的强势转变，还是飞行员切斯利·萨伦伯格在全美航空 1549 号遇险时创造难以置信的"哈德孙河奇迹"……成功人士的平凡过往、普通人士的光辉人性、奇迹发生的振奋时刻总能与每位读者的个人成长经历产生情感共鸣，迸发思想火花。

最后，在本书的第三部分中，作者用了"强化你的安全基石""成为他人的安全基石""将组织打造成安全基石""让你的领导力和组织更人性化"等标题为各章节立意。我们不难看出，作者遵循着"自修、利他、利组织、利社会、利国家"的思路对不同维度成长的实践意义进行了全方位阐释，引导大众完成更广泛、更深远、更伟大的潜能觉醒和发展进步，这无不彰显了潜能领导力可以由自我内延向人类外延不断迈进的鲜明属性。

中国是一个拥有五千年悠久历史的国家，一代又一代中国人将个人成长融入社会大德、民族大义、国家大道，以自信昂扬的姿态始终屹立于世界之林。中国人崇尚仁爱，讲求义气，这与"潜能领导力"中"安全基石"所涉及的"关心关爱"和"勇敢奋激"有着类似的理念和认知。中国人独有的历史底蕴和价值追求有助于我们了解、分析、运用潜能领导力，从而成就自我、他我和大我。

希望本书能得到更多人的关注、激起更多人的思考、引发更多人的实践，让人们拥有安全基石，并成为建设社会主义现代化国家，实现中华民族伟大复兴崇高理想的垫脚石。

袁品涵

目　录

前　言　　　　　　　　　　　　　　　　　　　　005

第 一 部 分

激发潜能

第一章　你的领导力机遇　　　　　　　　　　017
　　什么是安全基石　　　　　　　　　　　　　022
　　潜能领导力　　　　　　　　　　　　　　　032
　　为追随者提供保护　　　　　　　　　　　　036
　　本书要览　　　　　　　　　　　　　　　　042

第二章　潜能领导力进行时　　　　　　　　　　045
　　潜能领导力九大特质　　　　　　　　　　　047
　　成为行家里手　　　　　　　　　　　　　　061

第 二 部 分

潜能领导力的构成

第三章　信任感：建立纽带关系 067
　　纽带循环 075
　　建立纽带关系，取得信任 080
　　潜能领导力两大特质有助于建立纽带关系 083

第四章　迎接改变：走出悲伤 094
　　悲伤、失丧及纽带断开的影响 097
　　认识悲伤的过程 102
　　化解悲伤，推动变革 104
　　潜能领导力两大特质有助于推进变革 112

第五章　聚焦：让"心灵之眼"迸发力量 122
　　玻璃杯是半空还是半满 126
　　安全基石是如何影响心灵之眼的 128
　　状态和心灵之眼 134
　　心灵之眼、期望和可能性 137
　　潜能领导力两大特质有助于心灵之眼 141

第六章	成就：自强不息	150
	四种领导力模式	153
	六种领导力风格	164
	潜能领导力两大特质有助于"自强不息"理念	166

第 三 部 分

成为安全基石

第七章	强化你的安全基石	179
	安全基石知多少	182
	领导力根源	189
	做自己的安全基石	199

第八章	成为他人的安全基石	203
	确定培养次序	205
	形成安全的依恋模式	207
	了解发出和接收的信号	217
	提升深度对话能力	222

第九章　将组织打造成安全基石　231
　　发挥领导者的榜样作用　236
　　将潜能领导力嵌入人力资源管理　239
　　明确目标、愿景和任务　248

第十章　让你的领导力和组织更人性化　256
　　让你的领导力人性化　260
　　让开展工作的方式更人性化　261
　　解决实际问题时更人性化　264
　　让你的使命更人性化　269
　　你最持久的领导力机遇　273

附　录　276

注　释　282

鸣　谢　291

前　言

在人类灵魂深处蕴藏着沉睡已久的力量，这是一股他们梦寐以求的惊人力量。一旦唤起并付诸行动，将为他们的生活带来变革性影响。

奥里森·斯韦特·马登 | 美国作家

（1850—1924）

提起维珍集团这家旗下拥有近两百家公司的英国知名企业，就不得不说它极具传奇色彩和标杆意义的创始人——理查德·布兰森爵士。富有多金、开拓进取、明智稳健、俏皮活泼……这些都是他的人物标签。1950 年 7 月 18 日，布兰森出生在英国的一个中产家庭。作为家中长子，布兰森却从小患有阅读障碍症，导致学业不良。然而，布兰森并未屈服于先天缺陷所带来的限制。从很小的时候，他便全身心地投入到商业版图的构建，充分发挥自己的聪明才智。他人生中的第一次商业尝试是创建并运营一家学生杂志，那时他年仅 16 岁。

在布兰森的诸多商业实践中，使其声名大噪的就是维珍航空公司的创立。在自传中，他详细描写了创办这家企业的心路历程："我人生的志趣源于为自己设定宏大，甚至看上去毫无实现可能的挑战目标，并试图实现它们……从致力于让生活过得充实的角度看，我应当勇于尝试。"

布兰森99岁高龄的祖母曾在给他的信中写道，过去10年是她人生中最美好的时光。她用坚定的口吻激励孙子："每个人的人生都只有一次机会，必须充分利用好。"布兰森爵士表示："长期以来，我都竭尽所能，不辜负祖母对我的期望。"此外，他还将自己的成就归功于母亲。他说："母亲将人格独立这个理念贯穿于我们兄弟四人的成长过程中。"在《致所有疯狂的家伙》（Losing My Virginity）一书中，他写道："在我4岁那年，母亲有意识地将车停在离家几英里的地方，然后让我独自穿过数片田野找寻回家的路。"[1]

布兰森爵士通常被冠以"变革型领导者"的头衔。他倾向于雇用那些富有进取心的人才，并通过激发其内生潜能，最终实现预期目标。布兰森爵士坚信，他能帮助那些富有进取心的人才释放他们不曾知晓的潜能，并乐于在他人追求辉煌成就的道路上发挥催化剂作用。他还坚信，敢于正视自己、勇于纠错是提升自我能力的重要手段。此外，布兰森爵士还将员工视为集团大家庭的一员。仔细阅读他在维珍集团官网上发布的个人博客，便能直观感受到他尊重个体、温暖热情、诙谐迷人的性格。

除了经营好自己的商业帝国，布兰森爵士还将部分精力投入到一个名叫维珍联合的基金组织。该组织通过为创业者提供帮助，促使其实现创业梦想，从而承担一部分社会与环境责任。卡罗琳·哈特便是其中一名接受资助者。在维珍集团官网的留言评论区中，她详细阐述了理查德·布兰森爵士的悉心帮助对其实现创业梦想的重要意义。她说："我以我的个人经历很负责任地告诉大家，理查德·布兰森爵士是一位名副其实的企业家。他不遗余力地支持我所提出的筹款方案。正是在他的帮助下，我们得以重建一所位于印度的学校，该学校曾遭受严重的海啸冲击。如果我们期待世界能够沿着正确的轨道向前发展，诸如理查德·布兰森和维珍集团这样的优秀企业家和知名企业应该多多益善。"

在最新出版的《当善行统治商业》(Screw Business as Usual)一书中，布兰森爵士再次呼吁人们加入其宏伟梦想当中。他主张，将资本主义的现有价值理念，从只关注利益转变为关爱人类、社会乃至整个地球。对此，他解释道："在过去数十年间，我在一个又一个的商业领域缔造了不凡业绩，我也曾认为工作和生活已没有变得更好的可能。然而，在撰写本书过程中，我意识到，过去数十年取得的成就不过是人生初期的尝试和积淀，是为应对和抓住一生中最伟大的挑战和机遇所做出的准备。今天，机会已摆在我们面前，我们应当齐心协力，努力转变应对世界挑战的传统方式，代之一种全新的商业理念。对于我们所有人而言，要在这个伟大的时代探索人生意义与商业行为的高度融合，要向世界释放更多善意，这也是有利于商业发展的。"[2]

亲爱的读者朋友，在日常生活中，你是否遇到过像理查德·布兰森爵士这样的引路人，他们给予你家人般的关心关爱，并激励你勇敢地为自己、组织，甚至社会创造超乎想象的伟大成就。

令人庆幸的是，我们三位作者都曾遇到过这样的引路人。在成长过程中，他们总是不断激励我们，让我们更加全面、客观、真实地认识自我。另一方面，我们也会将这份激励传递给生活中的其他人，期望他们同样创造出超乎想象的伟大成就。回顾过往研究的点滴，我们有幸与来自世界各地的杰出领导者共事，包括首席执行官、董事会成员、教育工作者、医生和护士——他们从布兰森爵士的理念中认识自我或他们的上司。

在商业领域，布兰森爵士通过激励他人取得了令人膜拜的成就，但以人才和目标为核心的领导力哲学并非其独创。在《人质谈判的艺术》（Hostage at the Table）一书中，乔治专门用一章的篇幅，系统、全面、准确地阐释了人质谈判专家、商业领导者，以及任何处在施加影响力地位的人是如何发挥安全基石（Secure Base）的角色优势，并成功说服他人的。从领导力提升与发展的视角看，我们将安全基石进行如下定义。

安全基石是为勇于探索、承担风险、应对挑战提供保护感、安全感、关怀感，以及激励和力量的人、场所、目标或其他事物。

无论是《人质谈判的艺术》的广大读者，还是曾与我们共事多年的合作伙伴，对于如何成为并拥有安全基石的探索一直充满热情。本书将积极回应大家的热情，既从理论高度深入探讨如何巧妙地将保护感、安全感、关怀感与激励和力量有机结合，又从实践广度探索一条应用于不同工作场所、身份地位以及专业领域的潜能型领导者成长之路。

在《人质谈判的艺术》中，乔治关于人质的隐喻为领导力研究提供了全新的参考视角和框架，他以生动精妙的笔触向读者展示，在面对人、场所、事情或其他阻碍时，如何让领导者摆脱无助感和无力感。安全基石为领导者提供了"冲破人质束缚枷锁"的心理状态。具体来说，拥有安全基石的人不会因内心的恐惧而踟蹰不前，相反，他们敢于挑战并克服困难。比如纳尔逊·曼德拉，27年的牢狱生活从未使其有"人质"的感觉。再比如甘地，虽然没有正式的政治权力，却能改变印度的发展进程。

通过阅读本书，你将对如何成为潜能型领导者有更深入的认知，会更好地帮助下属驱散阻碍其前进的恐惧阴霾。本书囊括了我们对于这一话题的理论思考、实践经验和探索研究，循循善诱地教你如何通过建立信任、推动变革和激发专注力来释放惊人的潜能，从而实现可持续的高表现。在个人、团队、组织层面，潜能领导力皆有用武之地。在这个模式中，一方面，你将给予人们各方面的关心关爱，激励他们披荆斩棘，实现梦想；另一方面，你也能在该过程中回归人性本真。

对于我们三位作者而言，合著本书意义重大。在过去10年，我们相遇相知，并以不同的身份共事。书中反映了我们对于潜能领导力的不同视角，涵盖了十分丰富的学术理论和实践经验。我们将指导你将这些理论概念活学活用于当下的社会生活中。

在乔治攻读临床心理学博士学位期间，他第一次接触到"安全基地"*的有关概念。与所有心理学学生一样，约翰·鲍尔比和玛丽·安斯沃思撰写的战后研究报告是其必读文章之一。在这份报告中，两位作者提出了著名的依恋理论（attachment theory），其核心思想是，人类本能地倾向于从给予其保护感、安全感、关怀感的人身上寻求亲近和宽慰。纵观乔治的求学生涯，他有幸向卡尔·罗杰斯、伊丽莎白·库伯勒·罗斯、吉姆·林奇、埃里克·伯恩、伊娃·赖克、沃伦·本尼斯、丹尼尔·戈尔曼等顶尖思想家当面请教学习。

通过学深悟透这些大师的思想，乔治开始从人性本源的视角了解领导者。在与政府执法部门的早期合作中，无论是担任人质谈判专家，还是家庭暴力调解员，成为安全基石是他应对上述工作的必备能力。乔治将这些经历写进了本书第一章，这让他对成为并拥有安全基石的必要性更加笃定。在作为临床心理学家的职业生涯中，在履行西罗亚学院会长、国际交易分析协会主席等社会职务中，乔治对安全基石理念的热情更加浓烈。

---

* 本书统一译为安全基石。——编者注

时光荏苒，乔治进入到高层管理教育领域。通过积极组织参与瑞士洛桑国际管理发展学院（IMD business school）承办的高效领导力课程等标志性项目，乔治有机会与全世界成千上万的领导者分享研究成果。其间，乔治不仅看到了太多领导者因缺乏安全基石而走向失败，也见证了潜能领导力在实践中迸发的巨大能量，以及给人们带来的翻天覆地的变化。

说起苏珊，她与乔治的第一次见面还得追溯到 2001 年，当时苏珊在世界顶尖的食品饮料加工和包装企业——利乐集团工作，担任可持续发展和企业传播执行副总裁。乔治邀请她来瑞士洛桑国际管理发展学院担任领导力教育培训师，并在《人质谈判的艺术》的撰写过程中共事。作为曾经的奥运会决赛选手，在很小的时候，苏珊便体验到安全基石和"心灵之眼"（Mind's Eye）的强大力量，也正是这股力量使其在游泳生涯中荣获世界第六的佳绩。苏珊资历颇丰，涉及传播、组织心理学、市场营销、教育培训、神经系统学等与领导力相关的领域，并获得咨询与变革培训（Consulting and Coaching for Change）硕士学位。同时，她还拥有 20 年供职于多家全球性公司，担任高级管理要职的丰富工作经历。除了多专业的学历跨度和丰富的工作经历，作为母亲的崇高身份也是促使其成为并拥有安全基石的动力源泉。作为经验丰富的高管培训师、演讲家和领导力咨询师，苏珊热衷于帮助受众将经验知识转化为切实行动，并为健康、可持续的高效表现创造有利条件。

邓肯与乔治的友谊同样始于瑞士洛桑国际管理发展学院。当时，邓肯在这里攻读工商管理硕士学位。乔治邀请他担任领导力教育培训师。邓肯对潜能领导力理念在组织中的价值进行了深入的学术探索。2010 年，邓肯将与潜能领导力有关的研究成果进行了总结梳理，写进了博士毕业论文。在此过程中，邓肯将潜能领导力进一步细分，提炼出九大特质，为构建本书的知识体系框架做出了积极贡献。作为阿什里奇商学院的教职工以及诸多营利、非营利性机构的领导力咨询顾问，邓肯致力于提升个人和集体的满足感、幸福感和获得感。在世界各地，邓肯留下了传授潜能领导力的足迹，见证了该模式在不同文化背景和行业领域中的强大潜能和广泛适用性。

在本书中，我们传达的共同理念是：潜能领导力能够改变领导者、团队和组织。作为潜能型领导者，你可以以"关心关爱"的主题曲为出发点，衍生出"勇敢奋激"的变奏曲。"关心关爱"和"勇敢奋激"如鸟之两翼、车之双轮，成为塑造潜能领导力的重要依托。潜能型领导者能够通过建立信任、推动变革和激发专注力来释放惊人的潜能，从而实现可持续的高表现。

何谓"取得卓越成就"？我们给出的定义是挑战自我、激励他人，以此取得超出一般预期的成就。在追求成功的道路上，当人们专注于人和目标时，"取得卓越成就"将会变得更加坚定和可持续。回顾与许多取得卓越成就的领导者共事的经历，我们发现了一个规律：他们中的许多人对目标有着很深的执念，并且倾向于从金钱的多寡来衡量是否成功。然而，这种方式可能会让他们心生孤独或缺乏成就感，因为在追求目标的过程中，他们丧失或者弱化了与人的关联。当取得金钱目标的内驱力无法与建立人和人之间的纽带相互中和时，诸如身心压力、强迫症、职业倦怠和抑郁症等生理、心理以及社会层面的危害便会接踵而至，所有这些都是对整体成功的减损。

通过大量采访世界各地的高级管理人员，以及对一千多名高级管理人员进行定量调查，我们从潜能型领导者们的日常工作中归纳出九大规律性特质。许多高级管理人员意识到了其取得成功的重要因素，这令我们欣喜若狂。人们常常忘记他们的思维是如何受到影响的，当他们意识到是受了塑造他们的人、目标和其他事物影响时，这可能是一个充满情感和力量的瞬间。

一人难挑千斤担，众人能移万座山。强调个人奋斗、自力更生并不是成为领导者的全部奥秘。我们的调查研究显示，成功领导者和失败领导者的一个主要区别就在于他人生中是否拥有安全基石。拥有安全基石能够降低焦虑感和恐惧感，并提升信任度和承担风险挑战的能力。在一个组织中，安全基石可能是领导、同行、同事、企业本身、工作，甚至是产品。

潜能领导力不仅仅是由一系列实用技巧组成的行动指南，它首先是一种存在方式。由于领导力是一种通过学习而得的行为，你会通过学习成为潜能型领导者。在本书中，我们会给予你许多可实操的建议，会帮助你拥有正确的心理状态，促进正确行为的发生。由于人们总能从别人的故事中获得认知上的升华，所以我们在书中分享了许多故事，有些是我们自己的真实经历。考虑到保护隐私，我们对某些故事中的人物姓名进行了调整。

本书将带领你开启一段全新的旅程。你将惊喜地发现过去和现在所拥有的安全基石，进而深入探讨如何在工作和生活中成为别人的安全基石。如果你只是囫囵吞枣地阅读本书，可能无法汲取全部的精髓和养分。因此，当我们写到"问问你自己"等词句时，希望你暂停片刻，将你的见解记录在笔记本上。通过这种方式，你能够建立起自我认知并朝着自我改变迈出关键一步。在潜能领导力九大特质中，我们鼓励你选取其中若干条进行深入探讨。在本书第七章，我们绘制了个人查问表，希望你能找到曾经影响你的那些安全基石。

沿着这段全新的旅程前行，时刻做好深刻探究过往的准备。在探究过程中，你将发现曾经泾渭分明的工作与生活、职场与家庭变得不分畛域。实际上，你是一个拥有复杂大脑构造的人，既心存恐惧，又拥有惊人的潜能。汝果欲学诗，工夫在诗外。正如只有充分总结个人生活点滴才能成长为领导者一样，通过成为一名潜能型领导者，你将学会如何为工作之外的人提供更好的安全基石。事实上，许多与我们共事的人发现，书中所提及的理念在他们履行父母、伴侣、兄弟姐妹和朋友等身份职责时同样重要。我们希望你将理论知识与生活点滴紧密联系起来，成为一个人格完整的人，成为一个满心愉悦、实现梦想的人。

事实上，我们最大的期望是既让你变成人格完整的人，又能认可并接受他人的人格特质。在一个组织中，当足够多的人以"关心关爱"的主题曲为出发点，衍生出"勇敢奋激"的变奏曲，切实践行潜能领导力时，这个组织也将变得更加人性化。这样的组织将成为人们心之所向的热土，在这里，人们感受到了自身价值和相互扶持，也感受到了相互鼓励和相互鼓舞。

通过在日常生活中时刻践行潜能领导力，你能够将家庭、团队或其他任何组织变成更健康、良性和充满活力的港湾。那些了解并运用潜能领导力概念的人们将拥有改变一生的神奇经历。

亲爱的读者朋友，本书将成为你的安全基石，不断激励你在领导力和人生的旅程中取得积极进步。

享受阅读，拥抱挑战！

乔治、苏珊和邓肯

第 一 部 分

激发潜能

什么是安全基石?

为勇于探索、承担风险、应对挑战提供保护感、安全感、关怀感,以及激励和力量的人、场所、目标或其他事物。
- 安全基石不仅影响你的领导力风格,也会影响你的性格以及你的思维取向。
- 潜能领导力九大特质:
1.保持冷静;2.接纳他人;3.发现潜能;4.耐心聆听、细致查问;5.传递能量信息;6.引导思维取向;7.鼓励承担风险;8.激发内驱力;9.如影随形。

CARE to DARE

Unleashing Astonishing Potential
through Secure Base Leadership

第一章

你的领导力机遇

> 梦寐以求，超出世人以为可及。志在必得，即使世人以为不能。心之所系，多至世人以为不智。
>
> **霍华德·舒尔茨** | 星巴克首席执行官
> （1952— ）

在领导力培训课上，乔治经常讲述自己第一次作为谈判专家解救人质的故事。

20世纪60年代中期，我刚从研究生院毕业，开始以心理学家的身份参与执法部门的工作，主要协助警务人员处理家庭暴力案件。某天夜里，我正与一位名叫丹的警督巡逻执勤。突然，车载对讲机呼叫：附近一家医院可能发生了人质劫持事件。接到通知，我们第一时间赶往事发医院。在急诊室门外，我们了解到一位正在接受刀伤治疗的病人，将一名叫谢莉娅的护士劫持为人质。该病人的精神状态极不稳定，声嘶力竭的尖叫声响彻医院。

通过对现场情况进行评估，丹意识到，在急诊室这样的封闭空间，无论使用催泪弹还是强行闯入都可能威胁人质的生命安全。他认为，最好是找"某个人"平心静气地走进急诊室，尝试与劫匪沟通。

当时，医生、护士，以及赶来支援的警官们都站在急诊室门口。

因此，我十分淡定，因为丹口中的"某个人"肯定不会是像我这样的"菜鸟"。丹不停地环顾四周，一遍、两遍……突然转向我问道："乔治，你去试试怎么样？"我下意识地说："当然，为什么不呢？"

在急诊室内，我看到了这个名叫萨姆的病人，他用一把医用剪刀抵住谢莉娅的喉咙。我首先向萨姆抛出了几个问题："你需要什么？你想要什么？我们现在能为你提供什么帮助？"对于我的问题，萨姆并没做任何回应，而是声嘶力竭地恐吓我。几分钟后，他用剪刀划破了谢莉娅喉咙的皮肤，然后，在急诊室内穿梭。他又用医用剪刀指向我的喉咙，不停地向我逼近。他高声尖叫："我要杀了你，我要杀了你们所有人！"我保持镇定，将手轻轻放在他的胳膊上，我看着他的眼睛，向他抛出了更多问题。在进入急诊室前，通过翻看简报，我了解到他正与前妻争夺孩子的抚养权。前妻狠狠扎了他一刀，这使他在身体和心理上遭受严重创伤。为了将他的注意力转移到其他对他来说感兴趣的事情上，我问道："想想你的孩子们，萨姆？"

"我不想聊孩子！把他们带过来，我要和他们一起去死！"他回答道。

到目前为止，虽然他的回答仍然不符合我的预想，但总算释放出妥协让步的积极信号，因为不管怎样，萨姆开始对我其中一个问题有所反应并做出回复。

"你想作为一个杀人犯让孩子们记住吗？"我问道。

接下来是一阵沉默。其间，我感觉萨姆的情绪发生了转变。我想我找到了与他进行良性沟通的方法。

"我们还是聊聊孩子们吧。你希望你在他们心中是什么形象？"我再次发问。

我们开始由浅入深地交谈，他先前暴躁的情绪也得到一定程度的缓解。我正式与萨姆进行谈判，反复交涉后，他放开了谢莉娅。几分钟后，我问他："你还需要剪刀吗？你是想将剪刀扔到地上还是递到我手里？"面对这一抉择，他虽然有所迟疑，但最终还是将剪刀交给了我。这是十分积极的信号，表明他足够信任我，并放下了凶器。

我告诉他，医务人员会继续为他治疗。由于给他戴上手铐是必备程序，我问道："你想让我还是警务人员为你戴上手铐？你希望将双手拷在前面还是背后？"他回答道："乔治，我想让你帮我戴上手铐，我希望双手拷在前面。"我按照萨姆的要求为他戴上手铐，然后我们两人缓慢地走出急诊室。

急诊室外，众人的目光齐刷刷地落在了戴着手铐的萨姆和安然无恙的我身上。不一会儿，警务人员走上前准备将萨姆带走。临走时，萨姆说："乔治，你是对的。我很庆幸你没有因为我的鲁莽行径而面临生命危险。"我回答道："我们都能安全地走出来，对此我也深感庆幸。"随后，他向我真挚地道谢。我问他为什么感谢我，他说："孩子们对我很重要，谢谢你提醒我。"

萨姆被带走后，我一直压抑着内心的情绪。最后，我实在压抑不住了，我把丹从人群中拉出来，对着他一股脑地宣泄出来。我咆哮道："你怎么能直接把我送进急诊室！我可能会被杀死！"

"但是乔治，你就是最佳人选！我观察你很久了，我知道你已经做好了处理类似危机的准备，你一定可以！"丹回答道。

从此以后，我还经历了三次解救人质的事件，并成功化解了上百次可能酿成暴力冲突的险情。40多年来，每当我面临重大挑战时，耳畔总会响起丹的那句话："你一定可以！"

丹看见了乔治未曾意识到的潜能。乔治回忆道："丹没有把我看

第一章 你的领导力机遇　019

成'菜鸟小白'或见习生，而是将我视为团队的一分子。在人质劫持这样高风险的情境下，他当机立断，认为我堪当重任。他给予了我充分释放个人潜能的宝贵机会。"

在非常紧急的时刻，丹保持镇定，为团队注入了乐观信念和自信态度。他不会因焦虑不安而高声大叫，而是平静地询问道："乔治，你试试怎么样？"

人质危机完全解除后，面对乔治的情绪宣泄，他的回复同样镇定："但是乔治，你就是最佳人选！我观察你很久了，我知道你已经做好了处理类似危机的准备，你一定可以！"

丹平静的回复让乔治意识到这样一个不可辩驳的事实：在他的努力下，人质劫持事件得到圆满解决。

让我们再次回顾人质劫持事件的前因后果，细致分析乔治成功劝服萨姆放下武器的关键要素。和丹一样，在进入急诊室后，乔治一直保持冷静。他设身处地，尝试理解萨姆的行凶动机，在其感化下，萨姆最终建立起与乔治的情感纽带。乔治将话题引至萨姆的孩子们身上，并没有一味纠结于劫持人质可能给他带来的负面影响，比如监狱服刑，这就激发起萨姆心中残存的善意，使得通过谈判化解危机的可能性不断增加。通过发问、提供解决方案等形式，乔治给予萨姆——这个试图将医用剪刀抵在他脖子上的男人——生而为人的尊严和切实合理的选择。

从领导力视角看，这个故事真正吸引人的地方是，丹"领导"乔治和乔治"领导"萨姆在本质上并无区别。确切地说，丹是乔治的安全基石，而乔治是萨姆的安全基石。丹和乔治的安全基石为他人提供了安全感和舒适感，成为他人勇于探索、承担风险、应对挑战的力量源泉。

丹和乔治的这种领导方式并非个例。放眼全球，杰出的领导者都明白通过建立信任激发自己、团队和组织的巨大潜力，从而为凝聚信念、做出改变、推动变革创造条件。通过激发出自身的"安全基石",并成为他人的"安全基石",杰出的领导者会不断取得卓越成就。我们对"取得卓越成就"的定义是:

挑战自我、激励他人,取得超出一般预期的成就。

按照这一定义,你将勇敢地走出舒适区,来到风险与可能性的最前沿,努力将你认为不可能实现的目标变成现实。

在工作和生活中,你也可以成为潜能型领导者。无论你在哪里工作,与谁共事,无论你后方的支援多么匮乏,财政预算多么紧张,或者工作多么繁忙,你总能通过学习特殊技巧,形成系统观念并付诸实践,在激励与被激励的关系中取得卓越成就。换句话说,你可以学会以"关心关爱"的主题曲为出发点,衍生出"勇敢奋激"的变奏曲。

就像我们遇到的许多高级管理人员一样,你可能曾被上司、团队、同事、顾客或者某个突发状况推入"人质劫持事件"的场景中;你可能因为实现具体数值、目标或关键绩效指标而备受压力。换句话说,你可能力不从心,而又无法挣脱。在追求财富的道路上,你可能忽略了人际关系的重要性,以及它对真正意义的、可持续的成功有何影响。基于信任、自信和挑战的潜能领导力,是让自身、团队和组织从"人质劫持事件"中解脱出来的不二法门。

虽然潜能领导力思想深刻,能量巨大,但并不需要经年累月地刻苦学习。事实上,成长为潜能型领导者的关键因素早已掌握在你的手中,它在你的人生故事和实践经历中,在你将成功与失败内化于心的过程中。经过研究,我们总结出潜能领导力的九大特质。阅读本书,你将对如何拥有这些特质有明晰的认识。在此过程中,我们试图探讨如下问题。

• 你为什么要成为一名潜能型领导者?

- 你如何为他人提供保护、安全和关怀？ [1]
- 你如何激励他人勇于探索、承担风险、应对挑战？
- 你如何尽快将这些的想法付诸实践？换句话说，下周一早上，你该如何去做？

—— 什么是安全基石 ——

让我们回到生命的起点。

你的第一个安全基石可能是母亲、父亲、祖父母或其他重要监护人。你与他们的关系对你将来作为成年人和领导者时认识自我至关重要。

"安全基地"① 这一学术术语源自约翰·鲍尔比和玛丽·安斯沃思撰写的战后研究报告。[2] 在这份报告中，约翰和玛丽提出了著名的依恋理论。该理论的基本前提是，人类本能地倾向于从给予其保护感、安全感、关怀感的人身上寻求亲近和宽慰。"二战"后，联合国邀请鲍尔比就婴儿的生存问题进行研究。研究题目是，为什么在医院——这种近乎无菌环境下的婴儿更容易死于感染，而在满是病菌的环境下，婴儿却能顽强生存下来。经过研究，鲍尔比发现，一方面，医院虽然干净，却对母婴之间的接触频次有严格规定，而且婴儿的护理方式缺乏关爱与温情，而那些被母亲或温柔体贴的护理人员悉心照顾的婴儿，即使处在有病菌环境中，也能存活。鲍尔比的结论是，这种情感联系给了婴儿更强大的适应力和更强壮的身体。

鲍尔比的研究成果问世不久，一位名叫J.W.安德森的研究人员观察

---

① "潜能领导力"借鉴了"依恋理论"中的"安全基石"概念，本书统一译为"潜能领导力"。——编者注

到，无论孩子以何种方式探索未知世界，将母亲视为安全基石都是他们成长过程中的共同特点。蹒跚学步的孩子会在游乐区内玩耍，但每隔一段时间，都会回到母亲身边寻求抚慰。有意思的是，孩子们的表现不尽相同。有的孩子选择紧挨着母亲，不愿去远处冒险，而有的孩子虽然愿意到更远处探索未知世界，但非常在意母亲的存在。无论孩子在玩耍时如何表现，但有一点是一致的，当受到惊吓或感到沮丧时，他们都会寻求母亲的呵护。此时，母亲的两类行为凸显出不同属性：一种是，母亲的温和与接纳为孩子带来了安全感；另一种是，母亲的鼓励和激励，会让孩子勇于探索未知世界，并能培养他们的沉着冷静的独立性格。[3]

从现代组织行为学的角度出发，为了便于进行科学的研究，基于依恋理论，我们将安全基石定义为：

为勇于探索、承担风险、应对挑战提供保护感、安全感、关怀感，以及激励和力量的人、场所、目标或其他事物。

简单来说，安全基石就是激励他人或给予他人力量的人或物。受到激励和获得力量的人能敢于走出舒适区，努力挖掘他尚未开发的潜能。

我们为什么需要安全基石？为解答这个问题，我们可以看看大脑的工作原理。当危机发生或即将到来时，大脑的第一反应是引导人们抗拒变化或规避风险，以求自保。然而，如果人们拥有安全基石，大脑的关注点就能从痛苦、危险、恐惧转向获益、机遇和好处。

虽然能量最大的安全基石通常是以人的形式出现，但实际上，任何能够关闭大脑抗拒变化和规避风险的早期预警系统，并勇于接受挑战的任何事物，都可以称为"安全基石"。

我们认为，安全基石可以是场所、团队，甚至是一只宠物等实际事物，也可以是国家、信仰、事件等抽象事物。只要能与之建立关联，能增强人们内心的安全感并激励人们探索未知的事物都是安全基石。安全基石蕴含的能量越大，人们在逆境和危境下的适应力就越强。由于对安全基石的需求适用于所有人，所以安全基石这一理论适用于所有文化体系和时代。

总体上看，安全基石理论既是多个悖论间的均衡博弈，也是多个概念间的统筹协调。安全基石既提供保护，又鼓励冒险；既要等待时机，又要伺机而动。人们既需要将人作为安全基石，也需要将未来目标作为安全基石。在拥有若干安全基石后，你才能成为别人的安全基石。下面，让我们对这些动态关系进行深入探讨。

安全与风险的悖论

图 1-1 展示了安全基石中，安全与风险这两个基本维度之间的相互作用。"关心关爱"对应的是安全，"勇敢奋激"对应的是风险。安全基石提供保护感、安全感、关怀感，这些"关心关爱"能够鼓励人们探索未知、承担风险。安全基石既能够避免大脑对于恐惧、威胁甚至生存的过度关注，也能激发人们的好奇心、冒险精神和探索精神，并最终挖掘出人的内在潜能。

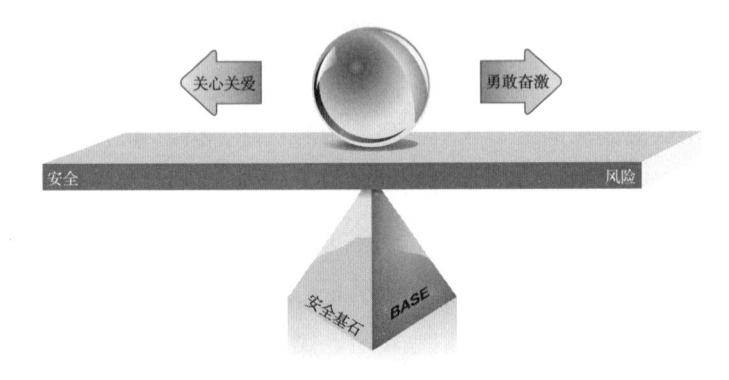

图 1-1 安全与风险的悖论

如果你只提供安全，不鼓励他人勇于探索、承担风险、应对挑战，人们会因为被过度保护而无法激发潜能。如果你一味倡导承担风险、应对挑战，而不提供安全，那么你就不能给予人们必要的自信心。在后一种情况下，人们会过度暴露于危险中而受到伤害，并本能地采取防御姿态以获取安全感。因此，无论你强调安全还是风险，都将影响追随者们的最终表现。他们要么因过度在乎安全而变得极度安逸，要么因过度暴露于风险中而变得极度焦虑。

我们与取得卓越成就的领导者们深入对话时，听到了两个典型性故事，它们展示了孩提时期拥有安全和风险兼具的安全基石，对未来发展产生的巨大影响。

安德烈娅的德语和生物学老师对学生们的成绩有很高期待。同时，他也特别关心学生们的个人成长。安德烈娅回忆道："他鼓励我们不要拘泥于'非黑即白'的思考方式，还应关注和思考'灰色地带'。他培养了我们的批判性和创造性思维，还告诉了我们每个人的责任和使命。我的老师是一位真正的教育家，一个受人尊敬的榜样，他对于自己从事的崇高事业充满激情。他的言谈举止和对生活的态度对我产生了巨大的激励作用，促使我不断地挑战不可能，获得比想象中更多、更高的成就。"

谷德伦回忆了四五岁时的一件事情。那年，她随家人前往瑞士滑雪。在一个大雪纷飞的早晨，父亲把她带到了施托克峰自由滑雪区。对于尚处初学阶段的谷德伦而言，在该区滑雪是一个不小的挑战。但在父亲的悉心陪伴下，谷德伦硬着头皮滑完了全程。在返程的路上，母亲略带焦虑地说："太疯狂了！她还是个孩子，这太危险了！"父亲回答道："对咱们谷德伦而言，确实是一个挑战。不过，她滑得很好，我看没问题。"谷德伦回忆，当父亲陪着她滑完全程时，她感受到了十足的安全感。同时，对于那天能够顺利滑完全程以及父亲对自己的信任，她感到非常自豪。

安德烈娅的老师给予她充足的"关心关爱"。同时，不断激励她取得卓越成就。谷德伦父亲的做法也再次为我们提供了一个生动例证，它充分说明了父母的陪伴、良好关系的建立，以及语言激励如何改变了一个人的思维。时至今日，谷德伦依然记得父亲那句"她滑得很好"。在父亲和母亲之间，她选择听取谁的意见？在这个故事中，她更看重父亲的信任，而不是母亲满怀焦虑的担心。

在谷德伦的故事中，她对父亲的做法表示理解并乐在其中。实际上，当发挥安全基石作用的人将你推出舒适区时，你可能并不会对他表示感谢。这样的例子不胜枚举，比如当父母督促你挑战自我、超越自我时，你的第一反应或许是心怀怨气；当老师给你布置额外的家庭作业，因为她知道你能做得更好时，你的第一反应或许是唉声叹气。将你推出舒适区，这是安全基石的基本作用。相反，那些你乐意交往的朋友或许称不上安全基石，因为他并不会激励你挑战自我、探索未知和承担必要风险。

伺机而动的策略游戏

"安全基石遵循伺机而动的策略。"[4]鲍尔比明确指出，只有在必要的时候，安全基石才会介入。我们认为，安全基石是一份时刻待命的应急预案。这就是为什么一个非常忙碌的人也可以成为许多人的安全基石。安全基石是一个好的倾听者，擅于拾取口头或非口头的信号，细心留意他人的需求，而不是越俎代庖，直接将解决方案强加给他人。

此外，安全基石并不会一味地兜售立场主张，而是通过明智的发问引导他人的思想逐渐转变。

安全基石并非代替他人思考，它既不是"包办者"，也不是"救世主"。当人们完全有能力自行处理某事时，安全基石不会横加干预。总之，安全基石鼓励人们自行解决问题，并帮助他们深刻体会这段经历。

人和目标

图 1-2 展示了安全基石的另一个维度。在这个维度中，人际纽带和目标纽带相辅相成。人际纽带的重要性显而易见，人与人之间的依恋关系，能让人们感受到存在的价值以及爱与被爱的温情。

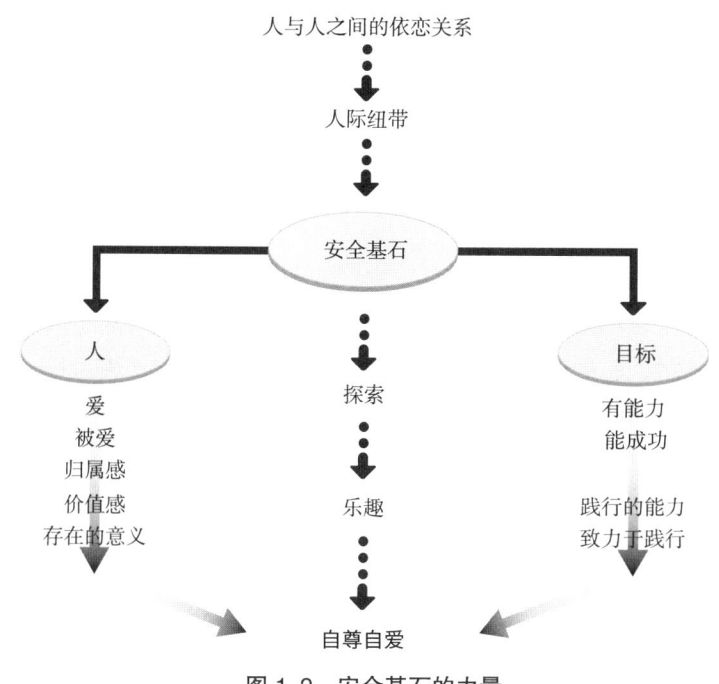

图 1-2　安全基石的力量

目标纽带的重要性并不那么明显，它需要人们为自己预设一个目标，然后条分缕析地列出实现它的具体步骤。让我们先看一下关于人际纽带的例子：

- 雅各布想成为一名优秀的演讲家。经过 18 个月的刻苦训练，他在公司年会上实现了目标。
- 安德烈亚斯想成为一名优秀的领导者。通过制订具体行动计划，他在 12 个月的时间里提升了领导技能。
- 凯瑟琳希望 45 岁时成为首席技术官。通过跳槽，她在 43 岁时实现了目标。
- 作为本书的合著作者，乔治、苏珊和邓肯将完成本书的撰写工作视为共同目标并为之奋斗。

专注于目标，能够激发出敢于行动、勇于成功的巨大潜能，由此产生的强大决心和韧性有助于克服困难，并实现最终目标。总之，专注于目标就是为实现目标提供动力源泉。

如果你只看重安全基石中的人，而不看重目标，你或许会在人与人之间的依恋关系中感到安全、舒适，但这会使你深陷舒适区而无法自拔，不敢承担必要风险，不能发挥自身潜能。你只会感受到爱与被爱而无法取得成功。如果你的安全基石只执着于目标而忽视了人，虽然你能在物质层面获得巨大成功，但会在情感和人际关系方面遭受困扰。需要注意的是，一些世俗的成功实际上只是个人悲剧，因为这些所谓的成功使你付出了巨大的隐性代价：高度的精神压力和严重的潜能耗损。潜能型领导者的任务就是阻止发生此类情况。

有些人将目标导向视为安全基石的全部和唯一，我们称之为"虚无的孤独者"。接下来这个故事中的主人公帕斯卡尔，当他忽视建立人际纽带时，疾病、药物成瘾、抑郁症和孤独症便接踵而至。

帕斯卡尔是科技界高级领导者。不幸的是，他在成长过程中，遭受过父母生理和心理上的虐待，因此他缺乏与父母间的正常依恋关系。虽然帕斯卡尔拥有非常成功的事业，但也付出了巨大代价。他只关注一个个冰冷的数字业绩，而忽略了人际纽带的建立。在与自己深爱的姑娘走进婚姻殿堂后不久，原生家庭的不幸经历留存下来的被孤立感和敏感多疑，使得帕斯卡尔的情绪化反应非常激烈，并最终酿成了家庭暴力的悲剧。家庭暴力的发生令帕斯卡尔震惊不已，他寻求医疗救助，断断续续进行了十多年的药物治疗。帕斯卡尔隐隐感觉到，自己的身体一定存在重大问题，以至于他对自我产生了根本性怀疑。这种不信任感逐渐蔓延至日常工作中，在一定程度上影响了自己的领导风格。虽然下属很喜欢帕斯卡尔工作之余的幽默感，但始终无法与其建立良性的上下级关系。

除了对原生家庭中缺失的依恋关系感到悲伤，帕斯卡尔还意识到自己是一个虚无的孤独者，他内心充满了痛苦。通过与过往的悲惨经历和解，帕斯卡尔重新建立起与妻子的情感纽带。他收拾好过往的悲伤，将对拥有当下的感恩之情放在更加重要的位置上，内心也终于获得了前所未有的平静，这也提升了其领导力质效。帕斯卡尔终于与同事、同行和上司建立起坦诚可靠的工作关系，也让自己取得了更加卓越的成就。

这个故事展现了取得卓越成就与取得可持续的卓越成就的区别。许多领导者带着过去的伤痛负重前行，却没有意识到这会严重影响自己的领导力。为了提升领导力质效，帕斯卡尔需要避免继续被过往的悲惨经历推入"人质劫持事件"，他需要尽快处理好与妻子的不愉快，对因父母不能履行安全基石责任而造成的悲惨经历也应该接纳理解。

保持人际纽带和目标纽带的平衡，有利于身心健康、自我认同，以及日常工作的高效开展。当你的安全基石缺乏人际纽带或目标纽带时，你就会对成功、失败或他人的拒绝产生恐惧，这将阻碍你发挥潜能。恐惧的力量是十分可怕的，它会阻止人们走出舒适区去追求更大的目标。安全基石帮助人们专注于成功，摆脱恐惧，勇敢前行。

问问自己：
★ 我的人际纽带和目标纽带是否均衡？

拥有安全基石，才能成为他人的安全基石

拥有安全基石和成为他人的安全基石同样重要。我们总是通过模仿榜样来学习。日常生活中，如果你体验过安全基石的力量，那么你的经历将是你成为他人安全基石时的模板。理论上，由于所处人生阶段以及具体需求的变化，你将遇到不同的安全基石，这很正常。只要你愿意，找到自己的安全基石以及成为他人的安全基石永远都不晚。你可以从作为一个照料者的角色开始学习，比如照顾宠物、照顾自己的恋人、作为父母照顾孩子或者作为领导者关心关爱下属。

安全基石和思维方式

无论是提高学习技能，还是塑造世界观、人生观和价值观，安全基石都能发挥积极作用。[5] 从孩提年代到成年时代，在漫长的人生道路上，安全基石都深刻影响了我们的认知，改变了我们的思维，明确了我们前进的方向，并最终影响了结果的实现。在本书中，我们重点关注影响思维方式的安全基石。在研究过程中，我们大量采访来自世界各地的高级

管理人员，还对其中的一千多名进行量化调研。通过询问他们追求成功的动机，我们逐渐掌握了他们思想认知改变的过程。他们的回答也与其理念相呼应。然而，当我们问到究竟是什么人或事影响了其思想认知时，他们都表现出恍然大悟的样子。他们意识到，来自过去或当前身边的重要人物、事件或者经历，都在不经意间影响着他们的思想认知。

每个人都有促进和阻碍自身发挥潜能的思想认知。有些人倾向于促进发挥潜能，另一些人则倾向于阻碍发挥潜能，这两种倾向会在无形中对其将来的成功造成不同的影响。在求学生涯中，既会遇到鼓励学生立志成才的优秀教师，也会碰到为学生戴上心灵枷锁，让他们错误地认为自己在某个领域毫无天赋的不合格教师。遇到这两类教师，作为学生，该如何面对？让我们看看下面这个故事。

17岁那年，杰克正精心准备国际预科证书考试。一次，他收到了一位老师批改过的历史试卷。在试卷最下方，老师用潦草的笔迹写着这样一行评语："批改你的试卷无异于自寻烦恼。"杰克没有因老师的负面评价而自暴自弃，而是将家人的支持作为强有力的安全基石。杰克暗下决心，要发奋苦读，并在正式考试中以优异的成绩回应老师的负面评价。

杰克的故事反映了这样一个深刻的道理：接受还是拒绝某人的观点或看法，选择权在自己手上。只要自己不同意，任何人的观点或行为都无法将你推入"人质劫持事件"。现在，我们认识到，对外界的反应因人而异，即便是出生和成长在相同家庭的两个人，也会有不同的反应。

问问自己：
★ 在对自己和他人能力的认知方面，谁曾经影响过我们？

潜能领导力

选择成为一名潜能型领导者,意味着你将对他人产生重大影响。诚然,每个人都有一些根深蒂固的想法,但这并不意味着你无法影响他。确切地说,通过你的努力,你完全可以影响他人的想法。作为潜能型领导者,你要选择给他人带来的影响是正面的还是负面的。

领导力理论大师沃伦·本尼斯曾说:"领导力的本质是领导者改变他人的认知和思想体系。"[6]

沃伦·本尼斯关于领导力的定义凝练精妙,深刻反映了先天遗传、外部影响和个人选择诸因素间的相互影响。杰出领导者的诞生来自安全基石给予的积极影响。换句话说,曾经对你产生积极影响的那些人将肩膀"借"给了你;站在他们的肩膀上,你才能看到更远、更美的风景。同时,当你用影响力去引导和激励追随者释放他们的潜能时,你便也成了一位杰出的潜能型领导者。

我们对潜能领导力的定义如下:

潜能领导力通过提供保护感、安全感、关怀感,并以此激发出勇于探索、承担风险、应对挑战的不竭力量,来建立信任和影响他人。

图 1-3 展示了潜能领导力是如何激发他人潜能,帮助他人取得卓越成就的。

领导力关键在于激发和利用自身及他人的全部能量。用自己的能量引导和动员他人、团队和组织,使大家为实现共同的目标奉献全部力量。这样,你和追随者将取得超乎想象的成就。

就像公司的经理有直接下属,领导者也有追随者。在追随者的倾力相助下,领导者能取得卓越的成就。潜能领导力既重视领导者和追随者之间的人际关系,也重视在一起工作时的进取之心和行动力。当然，潜能领导力不只注重冷冰冰的绩效数字，它也注重如何激励他人。通过明确的、令人鼓舞的目标——目标本身就是安全基石，促使人们追求成功。我们知道，只要行动，最终会实现某个结果。潜能领导力会促成这个结果。通过建立人际纽带，你能激励并引导他人取得超乎想象的成就。

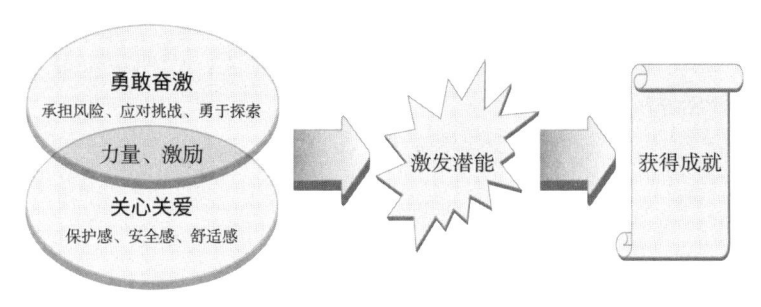

图 1-3　潜能领导力

> **错误观念：个人生活与领导力质效无关。**
>
> 这一观念是错误的。你的个人经历决定了你是怎样的领导者。无论生活中的积极因素还是消极因素，都会不同程度地影响工作。你关于领导力的认知和行为能充分反映你对人性的思考。

将人和目标同时作为安全基石，将使人愿意信任他人，也能促使你积极创新、承担风险、勇于探索并且坚持不懈。当我们询问受访者在取得卓越成就的团队中的感受与体验时，他们通常会说"严肃紧张、团结活泼"。换句话说，他们已经将"人"和"目标"紧密结合。

我们的所见所闻，与组织领导力学者米莎·波珀和阿法拉·梅瑟利斯的研究基本一致。他们认为："领导者为他人提供安全感，有助于激活勇于探索等行为系统。这或许会充分体现在追随者承担风险、积极创新等能力上，这也会提升他们的学习水平，并促进他们成长。"[7]反之，如果领导者的某些行为导致追随者缺乏安全感，追随者在承担风险、勇于探索、勤于学习等方面的内驱力都会减弱。据此，他们进一步提出，潜能型领导者不仅能帮助追随者形成全新的心智模式，还能促进其不断提升自信心、自主意识、工作本领、自我效能（self-efficacy）和自我认知。[8]

失败领导者的表现

当有如下行为时，便是失败的领导者：
- 不激励他人。
- 对于自身行为对于他人的影响缺乏充分认知。
- 一味追求目标，忽略了人际纽带的建立和维系。
- 对于自身言行及情绪不进行妥善管理。

即便像史蒂夫·乔布斯这样的商业巨匠，也会在事业发展的某个节点遭遇失败。作为乔布斯唯一授权的官方传记《史蒂夫·乔布斯传》作者，沃尔特·艾萨克森讲述了乔布斯被苹果公司解雇的故事。书评人列夫·格罗斯曼提供了故事梗概：

在乔布斯创立苹果公司后第9年，他被公司管理层解雇。对此次事件，艾萨克森在书中做出了清楚阐释：公司管理层决定解雇乔布斯实属无奈。乔布斯执迷于掌控，热衷于激烈的长篇大论，深陷于阴晴不定的情绪中，在瞬息万变的市场环境下过于自我，以及因食素而拒绝洗澡，他的存在已严重阻碍苹果公司当时的发展。[9]

就这一时间节点而言，乔布斯肯定不是一位潜能型领导者。然而，格罗斯曼接着写道：

1996年，乔布斯以全新的成熟姿态回归苹果公司。这时候的乔布斯学会了控制心中任性的恶魔。他在公司危难时刻接受任命，将苹果公司从深渊拉了出来，并将它打造成世界上最具商业价值的企业。

乔布斯的经历为我们上了一堂生动的正反面教学课。它不仅揭示了领导者失败的原因，而且为那些勇于改变自我认知、不断追求领导力提升的人指明了方向。

为了确保研究数据的广度，我们依托瑞士洛桑国际管理发展学院在世界各地组织召开的多场研讨会，这些研讨会吸引了大批高级管理人员参与。通过掌握第一手资料，我们清晰地认识到，安全基石是领导力构建的重要支柱。你的个人经历可以界定你是什么样的领导者。因此，为了成为潜能型领导者，你绝大部分的努力将会涉及对曾经影响你的人、事和经历进行回顾、反思和总结。为此，我们不断地引导你将个人生活导入本书阅读全过程。其间，我们会提供针对性的指导和练习，帮助你回顾、反思和总结那些曾经塑造你思想认知和领导力模式的人、事和经历。

关于领导力成败的反思

为了更好地反思和总结领导力的效能模式，你可以写下工作生活中的三个成功故事和三个失败故事。故事可以来自童年、青少年或成年时期。故事细节的详略，可以根据自己的喜好酌情增减。

通读所有故事，从两类故事中分别找出成功和失败的共同原因。比如，所有的成功故事中，是否都涉及团队协作的内容；所有的失败故事中，是否都涉及单打独斗的内容。再比如，所有的成功故事中，

> 是否都有一个负责统筹、协调的重要人物；所有的失败故事中，是否都缺少一个这样的人物。
>
> 通过审视成功和失败背后的关键因素，你便可以归纳出让你获取成功的重要模式。

为追随者提供保护

当你建立起人际纽带并引导团队或组织向目标前进时，你便开始展现潜能领导力。在此过程中，你既提供保护感、安全感、关怀感，又引导成员承担风险、探索未知、应对挑战，这是不断追求相对平衡的动态行为。

潜能型领导者就是攀岩者的保护员。虽然野外攀岩和室内攀岩的保护措施不相同，但保护原理是一样的。正如图 1-4 展现的，安全绳从锚点穿出，绑住攀岩者，另一端牢牢控制在保护者手里。借助特殊

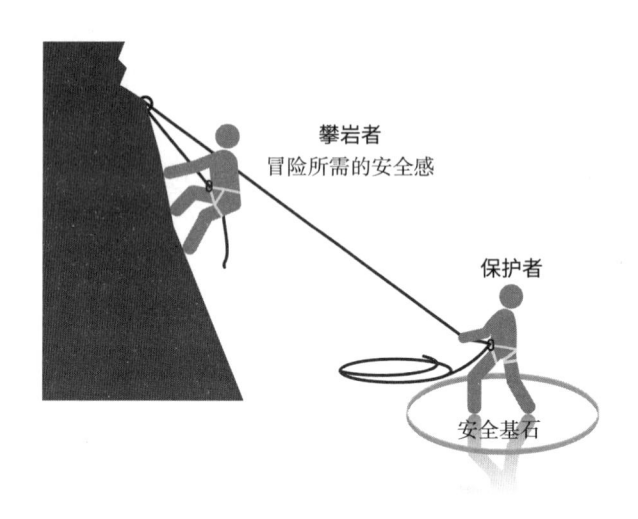

图 1-4　攀岩保护与潜能领导力

装备收放安全绳，保护者既可以确保攀岩者有足够的移动自由，又能确保绳子不会过松而导致攀岩者滑坠。在攀爬过程中，保护者时刻留意攀岩者的情况，并根据需要收放绳子。

正因为保护者能够提供充足的保护，攀岩者才愿意承担攀爬带来的潜在风险。随着我们对潜能领导力的深入探讨，你会发现，我们之所以用攀岩活动做比喻，是因为潜能领导力中的保护责任，在过程和关键细节上与之是一样的。

在攀岩活动中，如果你无法履行保护者的职责，却又鼓励别人攀登，这是不负责任的。同理，在工作中，如果你无法为同事或下属提供强有力的安全基石，却又鼓励他们独自应对挑战，只会徒增他们的焦虑和压力。因此，潜能领导力的第一步是要通过建立人际纽带，营造保护感、安全感、关怀感。在完成这一步后，当你鼓励人们勇于探索、应对挑战时，你实际上是在不断巩固充满信任的人际纽带，因为你向别人明确传递了"我相信你，你一定能成功"的信息。潜能领导力的力量就蕴藏在这种不断增强的动态平衡中。

问问自己：

★ 如果让我的同事或下属评价我的领导力水平，他们是否会认为我充分履行了保护者的职责？

建立基于信任的人际纽带

作为潜能领导力的重要元素，我们对人际纽带的定义是：

能够迸发出比个体和群体更多生理、情感、智力和精神能量的依恋关系。

虽然人际纽带也属于情感关系中的一种，但它与普通意义上的友情有本质区别。正如你将在本书第三章看到的，潜能型领导者与追随者建立人际纽带的意义，是让双方获得信任感。这具体体现在，领导者的行为方式与追随者的核心利益高度契合；领导者会在追随者踌躇不前或遭遇挫折时给予帮助；领导者清楚地知道什么样的挑战对追随者是合适的。总之，这种信任就是在攀岩时，有人提供保护。

所有人际纽带的建立都始于最基本的依恋关系。当双方因情感的深入交流而发生"化学反应"时，依恋关系便深化为人际纽带。然而，人际纽带不是，也不应该是永恒存在的。在合理的时间节点断开人际纽带是恰当的做法，就像孩子成年后要离开父母。当领导者不遵循规律而拒绝断开人际纽带，便是将追随者推入"人质劫持事件"。潜能型领导者应在关心关爱追随者的同时，鼓励他们去往更高的平台，应对更大的挑战，并为此感到自豪。

拥抱损失，实现变革

在工作场合，我们极少听到"悲伤"这个词。然而，无论是工作中还是生活中，悲伤都是我们生命的一部分。日常生活中，人们都可能因离别或失丧而悲伤，比如亲友的亡故、同事的离职、团队的解散。每当经历这类悲伤场景，人们往往会从心理上抗拒建立新的依恋关系，不愿与人、目标或者某项工作建立纽带。要从这类悲伤中走出来，唯一的办法便是与痛苦和解。只有这样，人们才能获得新生，重新找回工作和生活的乐趣，甚至更加积极奋发。

每个人都会经受各种挫折，除了生离死别，人们在日常中还会为失去职务、客户、项目、预留停车位甚至是最喜爱的钢笔而感到难过。可如果学会化解痛苦，将其视为一种自然的情感而不是必须规避的禁忌时，你便可以更高效、更富有同理心地应对任何损失和改变。

组织总是处在不断的发展变化中，但即便有很多应对措施，仍然需要悲伤来化解各种失落和难过的情绪。正如第四章将要讲到的，潜能型领导者会将悲伤当作一种自然的情绪，在面对变革时，应该把重心放在变革带来的好处上，而不是痛苦上。由于人们建立了相互信任的人际关系，所以大家为表达恐惧、发泄不满提供了充足的空间。最终，人们会选择原谅和感恩，并做好建立新的依恋关系，应对全新挑战的准备。

积极引导"心灵之眼"

人际纽带的建立蕴含着巨大的能量，在人们因离别或遭受损失而痛苦时，纽带关系能引导人们与痛苦和解，建立全新的依恋关系。潜能型领导者就像攀岩运动中的保护者，总能激励追随者探索未知、承担风险和应对挑战。为了做到这些，他们总能让追随者将注意力放在自己的潜能上。正如你的思维方式会被安全基石影响一样，作为潜能型领导者，你也能够通过影响他人的思维方式，促使他们专注于正确、积极的事情，让他们坚定信念，实现目标。

正如你将在本书第五章看到的，"心灵之眼"是人类大脑中的一种认知能力，负责管理我们的思维方向。它就像"手电筒"，引导我们的注意力朝着积极或消极的前方散射光芒。你可以选择痛苦、危险和失败，使自己不愿为实现目标去承担必要风险。你也可以选择成功和收获。究竟选择积极还是消极方向，潜能型领导者最终都会影响人们做出正确抉择，他们确保将个人或团队的"心灵之眼"引至目标、收获、结果、知识、机遇和可能性上。

自强不息

本书第六章的主题为"自强不息"，这是"关心关爱"和"勇敢奋激"高度结合的领导力方式。当你践行自强不息理念时，你会注重建立人际纽带和应对风险挑战，引导人们向积极的目标迈进，而不是将人们推入"人质劫持事件"。许多人有"想赢怕输"的思想，他们被恐惧和焦虑包围，虽然也想实现目标，但不愿意承担必要的风险。还有些人只想追求目标，不愿建立人际纽带。这就是丹尼尔·戈尔曼在《情商：为什么情商比智商更重要》（Emotional Intelligence: Why it can matter more than IQ）一书中所说的"领跑者"。人们无法一步不差地紧跟这类领导者。

诚然，在一个充满工作激情、能力优秀的团队中，领跑者能在短期内起到积极作用。如果领跑者能再进一步，在关注目标的同时，与身边的人建立人际纽带，那么他将朝着"自强不息"的方向迈出关键一步，成为潜能型领导者。既建立了人际纽带，又建立了目标纽带，领导者和追随者就能共同努力，并最终取得卓越成就。这就好比作为"攀岩者"的追随者，知道作为"保护者"的潜能型领导者，会为其提供安全保障，他就更有信心承担更大风险，勇攀高峰。"自强不息"型领导力是以一种可持续的方式释放高质效的领导力，它将对他人和组织产生深远影响。

取得可持续的卓越成就

大部分领导者所处的环境都充斥着不稳定性、不确定性、复杂性和模糊性。未来世界的发展也会变得更加不稳定、不确定，更加复杂和模糊。在这么复杂的世界里，领导者如何取得卓越成就呢？面对来自四面八方的挑战，领导者如何确保组织取得可持续的卓越成就呢？

如果你通过压榨自己和他人的点滴能量追求持续的成果和进步，那么能量会迅速耗尽，你和他人都将无法长久坚持。你要学会通过激发潜能，获得能量。因为无论是与你同行，还是为你效劳的追随者都有足够的潜能走完全程。你只需要激发他们的惊人潜能。

作为潜能型领导者，你建立了相互信任的人际纽带。以信任为基础的人际纽带会提升人们的参与热情[10]，这会提升团队的稳定性和忠诚度，并降低耗损和压力。更重要的是，因为你相信追随者的潜能，他们也会因此深受鼓舞，不仅能实现自己雄心勃勃的目标，还能顺利完成组织任务。你对于追随者"心灵之眼"的积极影响，也会让他们坚信世上无难事，只要肯登攀。当出现暂时的不尽如人意或者不可避免的损失时，高度的参与感也会使他们保持高昂的斗志，这将有助于你和追随者一道应对这个不稳定、不确定、复杂和模糊的世界。

作为潜能型领导者，即使处在复杂多变的环境下，依然可以通过激励追随者做最好的自己，并取得可持续的卓越成就。你创造出了忠诚度、热情、创造和探索的团队氛围。你拥有追求卓越和投入的自我认知。最后，当你将"关心关爱"的主题曲变成"勇敢奋激"的变奏曲，真正践行潜能领导力后，你的组织就可能实现可持续的卓越成就。

取得可持续的卓越成就，并不需要耗费大量金钱和时间。它需要你更加合理地运用时间与人们建立纽带关系。更重要的是，作为潜能型领导者，你需要用内心深处更真实的自己与追随者建立深层次的联系。

问问自己：

★ 我是潜能型领导者吗？
★ 我是否兼顾了人际纽带和目标纽带？
★ 我是否提供了足够安全的环境，以使人们愿意承担必要风险？
★ 我是否干预过早或者等待过久？

本书要览

本书第一部分，我们对潜能领导力有了一个总体认识。经过第一章的介绍，我们将进入第二章，开始学习潜能领导力的九大特质。本书第二部分，我们将探索潜能领导力的重要组成部分：建立纽带关系（第三章）、走出悲伤（第四章）、心灵之眼（第五章）以及自强不息（第六章）。此外，我们会给出培养九大特质的方法技巧。

卓越的网球选手是通过持之以恒的训练和专业的指导培养出来的。同理，通过反复训练以及构建起对存在于工作生活中的安全基石的认知，你也能成为卓越的潜能型领导者。正如你将在第三部分看到的，要成为卓越的潜能型领导者，既要回顾过往，也要拥抱当下。通过这种方式，你将找到构建领导力的基石，并认清工作生活中的安全基石，甚至学会如何成为自己的安全基石（第七章）。随后，你会学习如何成为他人的安全基石（第八章），以及如何将你的组织打造成安全基石（第九章）。

虽然成为潜能型领导者是一个高度个人化的过程，但这一过程是可感知、可实操的。将你了解到的九大特质融入日常领导力行为中，能够帮助你营造一个积极的氛围。在这里，人们感受到充足的安全感和保护感，并愿意走出舒适区，承担风险，迎接挑战。通过选取九大特质中的任意一些进行系统训练，你可以提升潜能领导力的质效水平，进而提升员工、团队和组织的质效水平。

正如你将在本书第十章看到的，潜能领导力的本质是将领导力和组织变得人性化。在当今世界，我们一不小心就会忘记包括我们自己在内的一切人类都有建立纽带关系、获得激励以促进自我成长的本质需求。当我们为应对变化而疲于奔命时，我们往往会在挑战前丢掉人性。我们真心希望，本书能够帮你回归人性，并将人性化的光辉扩散到团队、组织、家庭，甚至整个社会。

> **学习重点**
> - 安全基石既提供安全感、保护感、舒适感，也激励人们探索未知、承担风险、应对挑战。
> - 安全基石不仅影响你的领导力风格，也会影响你的性格以及你的思维取向。
> - 潜能型领导者建立信任，推动变革，引导思维取向，凝聚人心，取得卓越成就。
> - 潜能型领导者建立人际纽带，化解痛苦，拥抱损失，引导"心灵之眼"指向积极方向，以及自强不息。
> - 潜能型领导者能够将自己，也能够将他人的"心灵之眼"引向积极方向。
> - 潜能型领导者就像攀岩运动中的保护者，能为攀岩者提供安全，使其愿意承担必要风险，勇攀高峰。
> - 潜能领导力无关金钱。它的唯一投入便是学会使用时间。
> - 领导力是能够通过后天学习形成的一系列行为方式。你可以通过学习，使自己具备九大特质中的任意一项，并成为能够释放个人和组织潜能的潜能型领导者。

常见问题

问题：读完第一章，感觉信息量巨大……真的能学习掌握所有内容吗？

回答：不用着急，我们一步步来。第一章是对本书的整体概括，通过阅读第一章，你对潜能领导力会有一个总体认识。在接下来的每一章，我们会就第一章出现的相关概念进一步细化，以便你慢慢积累，最终将所学知识融会贯通。

问题：与我所看过和听到过的其他领导力书籍或概念相比，本书有何不同？

回答：树立"关心关爱"与"勇敢奋激"兼顾的理念，是本书区别于其他相关书籍的关键。它是"软件"与"硬件"的统筹兼顾。此外，本书会引导你对个人工作和生活进行回顾、反思和总结，以便你清楚了解为什么要按照潜能领导力要求行事。你的领导力风格是"你是谁"这一本质问题的具象化体现。本书的目的是对那些浮于表象的领导力行为进行剖析，帮助你建立全新的领导力模式。

第二章

潜能领导力进行时

成为领导者的过程就是重新塑造自己的过程。它听上去简单，但做起来很难。

沃伦·本尼斯 | 美国学者、组织发展顾问和领导力作家

（1925—　）

8岁那年，苏珊在电视上观看了1968年墨西哥夏季奥运会。当时的她暗自思忖："我也想成为这场世界盛会的一部分。"虽然苏珊自小喜欢游泳，但从身体条件上看，她不是高大、健壮、宽肩膀的游泳运动员身材。许多人都对苏珊的父母和教练说过："太遗憾了！要是苏珊能再大一号就好了，以她瘦小的身体条件是不可能在游泳领域达到顶级水平的。"不过，苏珊的外祖父杰克·布朗却不以为然。作为前轻量级拳击手，外祖父总是告诉苏珊："块头越大，摔得越狠。"苏珊坚定地认为，在游泳领域，小巧灵活的身体是一种优势：在水中更加敏捷、转身更加迅速、更快速机动。瘦小的身体条件是一种劣势的观点从未在她的脑海中停留过。

8年后。1976年蒙特利尔夏季奥运会游泳项目选拔赛前夕，苏珊与时任英国女子游泳队总教练的杰克·奎因一道走进比赛场馆。走上台阶时，苏珊问杰克："如果我没能通过选拔赛，该怎么办？"杰克

回答道:"你平时的训练成绩达到奥运会达标成绩。如果你正沿着马路向前走,看到前方有一个一尺宽的小沟,你会毫不犹豫地跨过去,继续向前走。现在,你想象自己正站在一幢20层高的楼顶,旁边最近的一幢楼离你也只有一尺远。虽然你所处的高度不同,但距离一样,你也应该毫不犹豫地跨过去,继续向前走。""万一我的选拔赛成绩没有达标,怎么办?"苏珊再次问道。"你往后退两步。"杰克回答道。"你什么意思?"苏珊狐疑道。"你往后退两步。"杰克又重复了一遍。苏珊将信将疑地往后退了两个台阶。"你的目标是登上楼梯的顶端。刚才你还站在我旁边,但你连续两次的发问使你离目标又远了两步。"杰克说道。

无论是闯入蒙特利尔夏季奥运会游泳项目决赛,与世界上最优秀的运动员同台竞技,还是在未来的游泳职业生涯中赢得一系列国际比赛殊荣,两位杰克的话都坚定了苏珊的信念。在欧洲游泳锦标赛上,参加两百米蝶泳决赛的苏珊,转头看了看身边6英尺2英寸(1.88米)的俄罗斯选手,寻思:"你太高大魁梧了,不可能击败我。"最终,她获得了铜牌,冠亚军是两位来自东德的选手。

退役后,苏珊和杰克·奎因教练仍保持联系。多年后,杰克给苏珊寄来一张卡片,上面写道:"想象一下,我们有同样的身影。如果你感到情绪低落或因出色地完成某项工作兴奋不已,请你站在太阳底下,看着身旁的影子,我的手正放在你的肩上。"

杰克·布朗和杰克·奎因为苏珊所做的一切,刚好符合安全基石的定义。苏珊充分信任他们,将他们的话语和信念嵌入自己的认知体系。他们引导苏珊将"心灵之眼"指向积极的、潜在的收获与成果上。纵观苏珊的游泳职业生涯,无论杰克·布朗、杰克·奎因,还是她的母亲与俱乐部出色的教练阿尔·理查德，他们不仅给予了苏珊充足的安全感、保护感、舒适感，还激励她应对挑战，勇于在自己的专业领域做到最好。他们统筹兼顾"关心关爱"和"勇敢奋激"，为苏珊插上了追梦的翅膀。

你的领导力机遇便是将安全基石理论应用于实践，使自己、团队以及组织都能达到奥林匹克级水准。

在研究亲子关系的动态变化时，鲍尔比提出了"安全基石"的概念。通过我们的深入研究，证实了在实际工作场景中，这种动态关系仍然存在。更重要的是，通过更深入地探究安全基石理论与高效领导力之间的关系，我们构建起潜能型领导者的话语体系和行动指南。本章，我们将简要介绍潜能领导力的九大特质，并在本书第二部分进行深入剖析。我们的目标是为你及其他致力于提升潜能领导力技能的领导者提供切实可行的实操指南。

潜能领导力九大特质

潜能领导力的特质清晰明确，贴合实际，可以学习。实际上，你可能已经具备了表 2-1 中九大特质中的几项。通过阅读本书，你会逐渐意识到这些可感知的特质对于领导力的积极影响。我们认为，任何领域的领导者都可以通过学习，将潜能领导力理论照进现实。借助人际纽带链条和"心灵之眼"，潜能领导力九大特质将会在个人、团队和组织层面发光发热。

表 2-1　潜能领导力九大特质

1. 保持冷静
2. 接纳他人
3. 发现潜能
4. 耐心聆听、细致查问
5. 传递能量信息
6. 引导思维取向
7. 鼓励承担风险
8. 激发内驱力
9. 如影随形

> **错误观念：领导力不针对个人。**
>
> 这一观念是错误的。无论在企业内外，杰出领导者总是致力于建立重要的纽带关系；他们将人们看作一个个鲜活的个体，并予以接纳认可。本质上，领导力是需要针对个人的。

潜能型领导者高度重视统筹兼顾"关心关爱"和"勇敢奋激"，因为这会为领导者和追随者带来最高质效，也会为他人带来最积极的影响。在领导力领域，我们将"关心关爱"和"勇敢奋激"统筹兼顾的点称为"最佳位置"（sweet spot）。这个最佳位置在组织聚焦于学习、创新和变革时非常重要。

遗憾的是，对于"最佳位置"的阐释，我们无法做到完美精确。现实场景中，潜能型领导者总能把握合适的时机，将九大特质进行融合，为追随者提供分量合适的安全感，激励追随者承担分量合适的风险。由于不同的人对"关心关爱"和"勇敢奋激"的需求不尽相同，所以潜能型领导者需要准确了解他们情绪和动机等相关信号。维系"关心关爱"和"勇敢奋激"的动态平衡取决于领导者的智慧，或者像有些人所说，靠直觉。正如美国前国务卿科林·鲍威尔所说："领导力是一门艺术，它能成就管理学所不能成就之事。"[1]

潜能领导力确实是一门艺术，它能激发人们的潜能，并助力成功。

杰出的领导者

回想你所遇到的好老板。

- 你会用哪些词介绍他？
- 他是如何做到行事高效的？

当我们向高级领导者提出上述问题时，我们会听到如下回复：

平和稳重	胆量过人
热心助人	容忍失败
关注他人	善于启迪
公平公正	鼓舞人心
始终如一	远见卓识

注意：左边一列体现了"关心关爱"，右边一列体现了"勇敢奋激"。

学习潜能领导力九大特质后，你就能更加准确地判定谁是你所遇到的好老板。事实上，他们之所以被称为杰出领导者，是因为他们能像神奇的魔术师一样，既提供舒适感和安全感，又是他人勇于探索、承担风险、应对挑战的力量源泉。

下面，让我们具体探讨潜能领导力九大特质。

1. 保持冷静

在我们就潜能型领导者这个主题进行采访时，"冷静"是受访者提及最频繁的词语之一。无论在何时，特别是在高度紧张的环境下，潜能型领导者始终镇定自若，值得信赖。事实上，这一特质是根本性、基础性、保障性特质，是后面八大特质的先决条件。因此，在本章优先介绍。

"杏仁核劫持"（Amygdala Hijack）

通常情况下，一些感觉信息，比如视觉信息，会传入丘脑。丘脑是人脑的组成部分，是高级感觉中枢。为了确保传入脑中的信号持续有序地运转，丘脑扮演着类似于空中交通管制员的角色。一般来说，丘脑会将感觉脉冲引导到大脑皮层进行处理。以视觉信息为例，丘脑会将视觉脉冲引导到视觉皮层进行处理。丘脑分析并试图搞清视觉脉冲的具体内容。在分析过程中，丘脑可能会说"啊哈，这是一个感叹号！它意味着我应该兴奋起来"。随后，将这一信号传达至"杏仁核"，这是人脑中负责掌控情绪的部分。"杏仁核"会向身体分泌大量肽类和压力激素，形成与感叹号所带来的兴奋指数相匹配的情绪与行为。"杏仁核"的运行机制既能产生积极刺激，也能产生消极刺激。

丘脑能够产生不同类别的反应。就像经验丰富的空中交通管制员，丘脑能对潜在威胁进行应急反应。丹尼尔·戈尔曼提出的"杏仁核劫持"指的就是丘脑非完整性反应。[2] 具体是，丘脑会绕开负责分析思考的大脑皮层，直接向"杏仁核"发出信号。这种"错误"的信号会导致杏仁核做出不理性的反应，好像杏仁核被"劫持"了。更有意思的是，只有大脑中存储了诸如"战逃反应"这样的反射性、本能性反应模式，"杏仁核劫持"才会出现。这种"快车道"反应有时能够拯救我们的生命，比如看见长毛猛犸象时撒腿就跑。然而，在更多的情况下，"杏仁核劫持"会导致我们说出一些伤人的话语或者做出一些使冲突升级的行为。

为了使"杏仁核劫持"造成的伤害最小，必须采取有效措施。虽

> 然电化学信号会时不时充斥在大脑之中，但你仍手握选择权。你没必要固守被劫持的状态，你可以选择调整呼吸频率，重新掌握对自身行为的控制权。

2. 接纳他人

根据我们的调查，潜能型领导者的一个重要特质是将人们看作自尊自爱的"人"，而不是岗位说明书里的"职业"，并接纳和认可他们的价值。按卡尔·罗杰斯的话说，这是一种无条件的正向关怀。[3] 在聚焦具体事务或问题前，潜能型领导者首先会表现出对人的关怀，暂时将他们从具体而繁杂的问题中区分开来。此外，潜能型领导者会避免先入为主，压制评判和批评他人的冲动。这种态度让他人能感到自己被尊重和认可。在我们的调查中，一些领导者和追随者的对话非常激烈，甚至发生了言语冲突，但追随者仍然认为自己被尊重和认可。本质上，无论何时何地，潜能型领导者都要保持对他人的尊重。这种特质使得领导力更加个性化，并始终重视自尊自爱的个体。

值得注意的是，这一特质反映了"将他人当作有价值的人予以重视、尊敬和欣赏"的理念。在第三章，我们将会提供培养这一特质的小技巧。

3. 发现潜能

潜能型领导者能够发现员工的潜在天赋，而不是依凭员工的当前状态对其进行标签化、偏见化认知。这一特质不但超越了对个人内在价值的认可，还超越了对他人的期待。更重要的是，这一特质所针对的不仅仅是短期潜能，更是深层次的，甚至远景潜能——时间周期不是一年而是十年或二十年。《基业长青》作者吉姆·柯林斯曾说，"基业长青的企业都拥有宏伟、艰巨和大胆的目标"[4]，我们认为要实现这些目标必须激发出与之匹配的潜能。潜能型领导者通常拥有更多的经验、智慧，以及更宽广的视野，他能够精准地定位探寻方向，激发出员工与宏伟、艰巨和大胆的目标相匹配的潜能。在第三章，我们将会提供培养这一特质的小技巧。

潜能型领导者不只是一个讨喜的吉祥物

不要认为潜能型领导者皆是耳根子发软、无法形成切实行动力的好好先生。潜能型领导者并不回避管理和领导工作中心如刀绞、身如火煎一类的困境，相反，他们会以人性的方式去拥抱这些挑战。

反馈：潜能型领导者的高妙之处在于他在给予严厉甚至令人感到痛苦的反馈意见的同时，仍然能够激励他人不断前进。因为潜能型领导者将他人的"心灵之眼"引向积极方面，并能够发现每个人的潜能。当潜能型领导者提出令人感到痛苦的反馈意见时，追随者也会说"谢谢"，因为他们感受到了善意。

助推：潜能型领导者不会用恐吓、威胁和控制，而是用激励，让追随者去挑战极限。潜能型领导者不会让追随者陷于消极的情绪和痛苦之中，而是培养他们紧盯目标，积极发现成效，不断超越自己，勇于打破那些看似不可能的禁锢之墙。

责任：潜能型领导者不会让追随者掉链子。他们对于追随者的能力深信不疑，他们权责明确，让追随者以高度的责任感和使命感去追求目标。由于潜能型领导者不接受"喘口气、歇歇脚"等借口，也不认同追随者要走捷径的思想和做法，所以常被认为"不通情理，没有人情味"。实际上，他们的许多做法是严厉之爱的生动体现。

4. 耐心聆听、细致查问

通过调查研究，我们发现人们更喜欢"耐心聆听、细致查问"的领导者，反感"瞎指挥、乱指示"的领导者。一些人现身说法，生动描述了潜能型领导者通过耐心聆听、细致查问，而不是强行给出解决方案或者像保姆一样事无巨细予以指正的领导风格。潜能型领导者不会长篇大论地逼迫大家信服自己。他们倾向于提出开放式的问题，鼓励大家积极参与，推动对话，以此探寻问题的本质。对于潜能型领导者而言，深度对话是其重要的领导力方法之一。为更好地让读者学习这一特质，我们将结合第四章和第八章中的有关内容，提供实用的小技巧。

5. 传达能量信息

潜能型领导者能够靠简单的语言和动作深刻地影响他人。他们善于使用精辟的语句或者进行"靶心交流"（bull's eye transactions）影响他人，这种影响能持续很多年，甚至一辈子。我们这里说的"靶心交流"指的是人与人之间言语或者非言语的交流，一段对话包含多次不同的"靶心交流"。

我们还注意到，靶心交流通常发生在紧急或关键时刻。换句话说，潜能型领导者总能在重要时刻及时进行靶心交流，而不是在数小时或数周后做补救。潜能型领导者不喜欢漫无边际的长篇大论，而是直奔主题，在恰当时刻言简意赅地表达正确的意思。在第四章，我们将会提供培养这一特质的小技巧。

6. 引导思维取向

潜能型领导者擅于将他人的"心灵之眼"引向积极正面而非消极负面。即便深陷危机或遭遇困难险阻，潜能型领导者仍能够帮助追随者发现自己的潜能和找到机遇。在调查研究过程中，对于这一能力带来的积极影响，追随者高度赞赏并终生铭记。在第五章，我们将会提供培养这一特质的小技巧。

7. 鼓励承担风险

通过切实可行的方式，潜能型领导者给予人们释放潜能的机会，在这一过程中，个人往往要承担风险。"鼓励承担风险"这一特质是在"接纳他人"和"发现潜能"基础上的更进一步，将这些理念付诸行动。通过鼓励承担风险，潜能型领导者引导人们释放潜能。当然，潜能型领导者鼓励并支持人们发挥主观能动性。在第五章，我们将会提供培养这一特质的小技巧。

8. 激发内驱力

在我们的任何一场采访中，金钱等字眼从未被提及。换句话说，当领导者谈论对其产生积极影响的人和事时，他们从未提及金钱或其他物质的奖励。同时，潜能、学习、发展、激情、贡献（比如让世界变得更加美好）和意义等词却频繁被提起。因此，我们得出结论，潜能型领导者知道，相较于外驱力，内驱力更能激发人们的潜能。

何谓"内驱力"？内驱力指人们的行为动机来自内心的愉悦和满足。外驱力的动机则是完成行为结果后得到的外在奖励。内驱力一旦被激发，人们会以应对挑战为乐，而不会因为外部压力或奖励被动地应对挑战[5]。在第六章，我们将会提供培养这一特质的小技巧。

9. 如影随形

人们总认为潜能型领导者永远伴随身边，不会因为过于繁忙而让追随者自生自灭。作为领导者，也大可不必因为在周末和夜晚不能与同事待在一起而感到遗憾。事实证明，一般的物理陪伴和过多的交流并不发挥关键作用。潜能型领导者既不必与追随者定期联络和接触，也不必事无巨细、事必躬亲地出现在追随者主导的事务中。实际上，大部分最有效的交谈都非常简短。确切地说，潜能型领导者的真正作用不是与追随者长时间相处，而是在必要时出现。而且，潜能型领导者能被追随者感知，像人的影子一样，这种纽带关系带来的精神价值，比长时间相处有意义得多。你可以将这一特质看作安全基石存在于内心的一种信念，即便它没有真实地出现，但也能发挥积极作用。在第六章，我们将会提供培养这一特质的小技巧。

在本章及后续的四章，我们将会对九大特质进行深入阐述，并提供培养这些特质的小技巧。作为最重要、最具挑战性的特质之一，"保持冷静"将最先进行阐述。无论是建立人际纽带，还是应对高压环境，"保持冷静"都是先决要素。

在阐述每一个特质时，我们都会展示采访中的一些对话，以更好地说明这一特质。

特质1：保持冷静

在我们的调查研究中，领导者们经常使用下面这些表述来形容潜能型领导者是如何使自己并帮助他人保持冷静的。

"他的反应非常平静。他对我说'好的，我正在认真听你说'。"

"他既没有大吼大叫，也没有表现得毫不在乎，而是以一种非常和善的方式进行询问。"

"他们总是认真思考，并且待人和善。"

"……保持冷静并提供支持。虽然我有时候会沮丧，但他总能在关键时刻提供帮助。"

"当所有人恐慌焦虑时，她仍然保持冷静。"

在人们与你建立人际纽带前，他们想知道你是否值得信赖，你的情绪是否可以预见。保持冷静能够让别人安心，而焦虑和紧张则适得其反。鼓励他人承担风险时，保持冷静同样重要。在挑战面前，你的镇定自若能够帮助他们保持冷静。如果气氛已经很紧张了，你的情绪化，无异于火上浇油。想象一下，如果保护者一直紧张不安或者做出分散攀岩者注意力的事情，攀岩者的心理状况会怎样呢？他可能都不想再跳到下一个岩点继续攀爬。

前文提及的"值得信赖"和"可预见"并不意味着安全基石僵化呆板或缺乏活力，它是指一个人值得依靠和信赖——即便在高压状态下。总之，潜能型领导者不能焦躁不安。下面这个故事就体现了领导者保持冷静的重要作用。

纽约前市长鲁迪·朱利安尼曾向乔治袒露心声。回顾应对"9·11恐怖袭击事件"的心路历程，他告诉乔治，当天，他做的最重要的事情就是在混乱中保持冷静。显然，这座国际化大都市并没有做好应对突然遭受毁灭性打击的准备。在飞机撞击双子塔数小时后，鲁迪一直在混乱中忙着，试图使这座城市转危为安，可他意识到自己的内心极度焦虑，已接近崩溃边缘。为了使情绪平复下来，他来到离双子塔不远的花园进行视察。他尝试在浓烈的烟雾中找寻树木，仰望天空，但除了被浓烟熏成灰褐色的云朵，什么都看不见。幸运的是，他还能看见草地。他凝视着草地，使自己平静下来。他向乔治解释道："要让别人保持冷静，我自己就要做到镇定自若，从容应对。这场史无前例的恐怖袭击让我痛失了许多亲朋好友，对于纽约市民而言，也是如此。

作为一名光荣的纽约警察,父亲曾教导我:永远不要在情绪失控时做决定,必须先让自己平静下来,否则,冲动的情绪会让你犯错。袭击当天,父亲的教诲时刻在我脑海中回响。"正是父亲的教诲帮助并引导鲁迪在袭击发生后数小时和数天时间里,从容应对艰难险阻。

经历失败或风险时,"保持冷静"这一特质的重要性显而易见。继续看下面这个故事,主人公是与我们合作过的一位高级管理人员。

我们曾经遭遇过一场非常严重的产品危机,可能会给企业造成数百万的损失。副总们非常焦虑,大家像无头苍蝇一样,你一言我一语,试图通过溯源的方式找到责任人。与副总们不同,尽管情况严重,但首席执行官却一直保持冷静,他重申了企业价值观,并制定了详尽的应急预案。同时,他与核心股东保持密切联系,随时反馈处理情况。最终,首席执行官的冷静让我们的焦虑情绪得以平复。

那么,保持冷静是否是件轻松的事呢?虽然它并不那么容易,但仍然能够通过学习熟练掌握。保持冷静不仅能管理好自己的情绪,让大脑中的杏仁核时刻处于可控状态,更能从更广阔的视角考虑问题,不过分计较个人得失。

问问自己:
★ 我是否曾因冲动而口出恶言或行事鲁莽,但事后却十分后悔?

人类情绪、状态和结果

日常生活中,我们很难将感性和理性完全区分开。本质上看,人类作为社会性动物,这是大脑设计的底层逻辑。我们看待和感受自我及世界的方式必然受到他人的观点和情绪的影响。事实上，许多人与同事散步交流的时间远多于陪伴家人。对领导者而言，了解如何正向或者反向影响身边人的思维、情绪和心态至关重要。

为了说明领导者是如何影响他人情绪的，我们来看下面这个案例。故事发生在一架刚从纽约拉瓜迪亚机场起飞的民航客机上。

2009年1月15日，全美航空1549号航班搭载150名乘客从纽约起飞。起飞不久，飞机两个引擎因故障而失去动力，需紧急迫降。时年57岁的机长切斯利·萨伦伯格决定将飞机迫降在哈得孙河上。来自北卡罗来纳州的幸存者马克·胡德回忆了当时的场景以及机长的话语："时至今日，机长的沉着冷静仍令我印象深刻。他用冷静、清晰的语调说'准备接受撞击'。对乘客做迫降播报是对他领导力水平的严峻考验。任何从他的声音中流露出来的紧张情绪，都会在乘客那里无限放大，也会干扰迫降行动的顺利进行。"事后，切斯利解释道，他只是按照训练手册上应对突发情况的流程进行操作。平时刻苦的训练成了他的安全基石，在紧急迫降结束后，他甚至平心静气地给妻子打电话："你今天可能会在电视上看到关于民航飞机的新闻，不要太激动，因为它没那么严重。"

乘客能通过切斯利的声音判断他的状态，别人也能随时感受到你的状态。那么，什么是状态？作为交互分析理论（Transactional Analysis）创始人，埃里克·伯恩曾对"状态"做过非常精妙的描述。他说："状态是感觉、思维和行为的高度凝结。"[6]以此为基础，我们扩大了其外延，认为状态是人们某个时刻生理机能、态度、情绪、心情、行为和信念的凝结。

得到何种结果取决于你的状态。状态可以是积极的，也可以是消极的，而情绪是影响状态的关键因素。保罗·埃克曼将"情绪"定义为"一种动态的心情"[7]。一旦你感受到情绪的存在，就会一直关注并试图改变它。如果任由其蔓延，情绪便演变成了心情；如果长时间保持这种心情，就会最终发展为性格特质。有些人长期陷于不良心境，不但影响自己的状态，还会影响他人。

管理好自身状态是进行自我管理和影响他人的基础。在充满失望、遗憾和挫败的当今世界，我们必须学会自我管理，否则很容易深陷负面消极的状态。要具备自我管理能力，最好从一个或多个安全基石着手。

评估你的潜能领导力行为

在1到5（"1"代表从不，"5"代表经常）的范围内对以下行为打分：

- 高压之下保持冷静。
- 在心情和情绪方面可信赖、可预见。
- 即便在高压下，仍然冷静地提供帮助。

如果上述某行为分值低于3，你应该优先培养"保持冷静"这一特质（详见第八章"成为他人的安全基石"）。

压力

适当的压力能起到积极作用，对于保持最佳工作状态大有裨益。然而，压力一旦超出限度，便会导致生理和精神上的损耗，医学上称为"非稳态负荷"。研究显示，过去30年间，人们的压力指数激增45%；到2030年，抑郁症将会取代心脏病成为世界第一大疾病。[8]

压力是对于危险和挫败感的反应。很多时候，我们感到无处可逃，也无法对外部刺激予以应对，这就产生了压力。换句话说，处于高压之下就像被推入"人质劫持事件"。在诸多产生压力的因素中,最常见的是:损失、不确定性、被排斥、糟糕的人际关系以及被社会隔绝导致的长期孤独感。

无法规避或者不可摆脱的压力非常具有破坏性,有研究认为,它甚至是造成啮齿动物死亡的原因之一。[9] 大多数现代人,对压力造成的生理症状非常了解,比如头痛、背痛、肥胖或消瘦,以及心脏疾病。此外,压力还会带来一些隐性问题。

- 压力能够极大程度地限制大脑可塑性(大脑根据新的体验创造新回路的能力)和神经再生(产生新的脑细胞)。如果这些功能出现异常,将影响人们的学习能力。[10]
- 超出限度的压力会导致抑郁症,影响人们的认知功能。
- 压力能诱发身心疾病(psychosomatic illness)罗西和其他研究者认为,身心疾病是某些显性疾病的诱因。[11]

我们应如何释放长期性的压力?除了做到经常锻炼、注意营养搭配、规律作息等基本要求,还可以采用一些正念减压技巧,这些技巧被证明对缓解长期性压力有积极作用。减少对不良思想、情绪和冲动的习惯性反应是最佳方法。这样,正知正念会改善大脑思维,从而避免压力和抑郁对身体造成的危害。[12] 此外,由于"失丧"是导致压力的主要因素之一,因此用悲伤来化解"失丧"(详见第四章)能够缓解长期性压力。

培养"保持冷静"这一特质的小技巧

(1)**转变心情**。诚然,心情糟糕时改变自身状态很艰难,但仍存可能性。只要提升自我认知,正视糟糕心情。这一过程能够帮你认识到自身状态是如何影响自己和他人的。

(2)**留意自己说话的内容和方式**。人们非常看重沟通的语调和态度。诚然,紧急状况下,即使是杰出的领导者也会感到压力。这时候,我们更要保持冷静和注意行为举止得体，不能肆无忌惮地释放情绪。最大程度地保持冷静，还能为身边的人注入信心并极大地缓解他们的焦虑。一个小技巧是在说话前深呼吸，这会让你提升自身状态，避免杏仁核劫持。

当你被质疑或口头攻击时，更要注意自身状态。一般来说，你会本能地回击。然而，这样做只会让你被推入"人质劫持事件"。你应该深呼吸，尝试用反问而不是正面表态来回应。

（3）**正念减压练习**。通过正念减压练习，你能够学会"保持冷静"。坐在椅子上，双脚平放，双手放在膝盖上，保持舒服自然的坐姿。在20秒时间里深呼吸4次。首先将意念聚焦于脚趾，感受脚趾肌肉的放松。随后将意念聚焦于双脚、小腿、大腿，以及臀部，感受每个部位的肌肉放松。然后，将意念聚焦于指尖、手腕、前臂，以及肩膀，感受每个部位的肌肉放松。最后，将意念聚焦于颈部和脸部，感受每个部位的肌肉放松。虽然整个过程用时不过几分钟，但每日的练习将很大程度上纾解你所承受的压力。

—— 成为行家里手 ——

通过日常训练，潜能领导力九大特质是能够熟练掌握的。这不仅能帮助你成为潜能型领导者，也能让你在其他领域有所建树。

许多人认为，那些在某些方面表现卓越的人是因为天资聪慧或天赋异禀。然而，瑞典研究员安德斯·埃里克森的调查结果显示：人们口中所谓的"天赋"，95%是可以通过后天学习获得的，而只有5%是由先天基因决定的。近期的一些研究报告也显示，事实上，卓越的表现是由经年累月且有目的的学习和训练得来的。埃里克森认为，成为行家里手需要做好三件事：

◇ 保障训练时长——坚持训练一万小时。

◇ 保障训练质量——在训练过程中不断纠正自身错误。

◇ 找一名培训师或导师——给予建设性反馈。[13]

在《锻造青年才俊》(*Developing Talent In Young People*)一书中，本杰明·布鲁姆分享了类似研究成果，并且特别提到了家庭的作用。[14] 为了明晰促进天才成长的关键因素，他对120名杰出人士的童年进行了细致调查。这些杰出人士来自音乐、艺术、数学等多个领域，均在国际性大赛中获得过殊荣。除了接受训练和培训，他还发现在青少年时期，这些杰出人士都得到了来自家庭的大力支持。显而易见，安全基石总是陪伴在他们身边。

通过日常训练和自我纠错，九大特质中的任何一项都可以培养。

问问自己：

★ 在接下来的24小时，你将拿出什么样的务实举措培养九大特质中的一项？

★ 谁能为我提供帮助？

记住，拥有一位培训师、导师或者具有同等作用的第三方，会让你大受裨益。他们或许能成为你的安全基石。这与我们之前提及的观念不谋而合：为了成为潜能型领导者，你需要在工作和生活中拥有安全基石。找到那个给予你关心关爱，激励你勇于获取卓越成就的安全基石。

值得注意的是，潜能型领导者并不是完美无缺的人。在我们的采访调查中，没有人能够时刻展现所有九大特质。然而，如果你能够有重点地练习，会培养更多的特质，也就能更容易地营造安全基石的环境，并更有力地激励他人以更强大的内驱力前进。

> **学习重点**
> - 潜能领导力有九大特质。
> - 九大特质与"心灵之眼"和建立人际纽带密切相关。
> - 九大特质能够运用于个人、团队和组织。
> - 九大特质是可以通过后天学习熟练掌握的。
> - 领导者可以通过日常训练，学习本书提到的任何一个技能。
> - 你大可不必在所有九大特质中表现完美。然而，你学习并具备的特质越多，就越接近于潜能型领导者。
> - 九大特质都需要日常训练才能逐渐具备。因此，无论你选择哪一个特质，都要确保至少坚持训练28天，这样，你将看到带来的改变。

常见问题

问题：九大特质，听上去有很多东西要学。怎样才能全部掌握？

回答：一步步来。根据我们的经验，高级管理者是能够将九大特质运用于日常工作中的。前提是要进行有针对性的刻苦训练。当然，不要给自己过大压力，不要"一口吃个胖子"。我们的建议是保持平常心，选择对当下影响最大的特质尝试。想要掌握所有内容，需要反复地对本书相关章节进行研读和实践，做到学、思、用贯通，知、信、行统一。

问题：我有时会备感压力。在组织中，有些人看上去很成功，却并没有像本书建议的那样保持冷静。保持冷静与取得卓越成就真的息息相关吗？

回答：虽然这些人可能在短期内有所成就，但他们无法取得可持续的卓越成就。随着时间的推移，自身所承受压力的成本以及他们在人际纽带中的不稳定表现会减损他们的成果。

第 二 部 分

潜能领导力
的构成

- 建立纽带关系是潜能领导力的核心。
- 接纳他人意味着无条件的正向关怀。
- 当你发现追随者的巨大潜能时,他们就离卓越成就更近了。
- 潜能型领导的本职工作是通过耐心聆听,细致查问探究事物真相。
- 心灵之眼的聚焦方向决定着你是否能实现目标,以及实现什么样的目标。
- 无论是过往还是当下,人生道路上所遇到的人都能塑造你的自我认知。
- 了解面对压力时自己的态度和行为,这有助于做好自我管理,保持"自强不息"的斗志。

CARE to DARE

Unleashing Astonishing Potential through Secure Base Leadership

第三章

信任感：建立纽带关系

> 我在，因为他们在；因为他们在，所以我在。没有人是孤岛，人际关系是人之所以称为人的原因。
>
> **德斯蒙德·图图** | 南非社会活动家
> （1931— ）

2010年1月12日，海地小镇达鹏，工程学博士克丽丝塔·布雷尔斯福特正在进行社会调研。她弟弟朱利安是海地合作伙伴组织志愿者。为了保护当地农村土地免受洪水袭扰，朱利安想要建一座防洪墙，他专门邀请克丽丝塔来当地进行可行性调研。

下午4点53分，一场大地震袭击了小镇。在一幢两层楼的房子里，克丽丝塔和朱利安正在与房主交谈。巨大晃动使屋内一片狼藉，大家慌慌张张地跑下楼梯。惊慌的克丽丝塔绊倒了，头部重重地摔到地上。就在克丽丝塔倒下的一瞬间，房屋轰然倒塌。

克丽丝塔身上压着三块混凝土墙体，作为蜚声国内的攀岩高手，她脑海里浮现出休·赫尔的身影。休是一名登山运动员，1982年，因天气原因被困山上，不幸失去了双腿膝盖以下的部分。"当时我暗暗对自己说，既然休在那次事故后还可以登山，如果我能渡过这次劫难，我也可以。"

时间过去了约莫一小时，本地青年温森·乔治斯带着尖嘴镐来到废墟前。克丽丝塔曾为温森辅导英语，他们一见如故。温森用力凿开混凝土，将克丽丝塔从废墟中救了出来。克丽丝塔右腿膝盖以下部分被严重压伤。温森将克丽丝塔的手搭在自己肩上，颤颤巍巍地将其扶上摩托车后座。在去往联合国营地的路上，克丽丝塔看到许多房屋废墟和躺在街道上的尸体。

温森整晚都陪着克丽丝塔。他站在克丽丝塔身旁，用身体挡住泛光灯，避免照射克丽丝塔的眼睛。他脱下衬衣，轻轻盖在克丽丝塔身上。那天晚上，还有一个 4 岁的孩子拉着克丽丝塔的手，静静地看着她。

克丽丝塔知道，倘若她闭上眼睛睡过去，可能就再也醒不了了。于是，她仰望星空，试图以此缓解腿伤带来的巨大疼痛。她解释道："我看见猎户座在天空行进。我来自阿拉斯加州，我知道自己的星座。"那天晚上，克丽丝塔在心里规划着未来：重新站起来行走，回报海地，帮助温森。

几经周折，克丽丝塔离开海地，被送往佛罗里达州迈阿密一家医院。在那儿，克丽丝塔接受了小腿截肢手术。

经过四次阶段性截肢手术和一次假肢修复手术，克丽丝塔不仅能走路，还能登山。她非常感谢自己的男朋友，也就是现在的丈夫伊森。在术后恢复阶段，伊森的陪伴不仅让她重获新生，也让她懂得了许多人生道理。"他从未把我当作一个需要刻意施舍怜悯的病人，而是给予了我重回正常生活的强大信念，激发出了我应对现实生活的潜能。每当我让他替我做什么时，他总会在一旁悉心引导，让我自己完成。"

海地地震发生后才十个月，弟弟朱利安便积极投身当地学校的重建工作。为了支持弟弟的善举，克丽丝塔用自己从天灾中重新站起来的励志故事筹集善款，再加上美国公众对海地地震的人道主义援助，她共筹集了 15 万美元善款。此外，以她名字命名的克丽丝塔天使团队也持续不断地为海地重建贡献力量。

克丽丝塔高度的责任感和使命感来自她长期接受的利他理念教育。父母一直按照传统观念养育孩子。"我应该用尽一生让这个世界变得更美好。对我而言，这是再浅显不过的道理。如果我能与上帝做交易，我乐意用自己的双腿换取重塑世界的力量，以阻止海地这样的国家因为一次地震而遭受严重的人道主义灾难。"

"父亲也曾教导我们，敢于尝试是意义非凡的品质。即便你遭遇挫折，你依然需要坚定信念，就像他为温森做的那样，他千方百计、千辛万苦地为温森获得了前往美国学习的护照签证。"温森得到了签证，克丽丝塔也将那天晚上罗列的未来计划一项项地实现了。

此外，克丽丝塔也感谢母亲的教诲，感谢母亲从小就在自己身上种下了"不畏艰险，躬身耕耘"的种子。"5 岁那年，我问妈妈是否能去越野滑雪。妈妈欣然同意。于是，我独自打理好行囊，踏上我的滑雪板，满怀憧憬地在外面等着母亲。母亲打开门，看见'全副武装的我'惊讶不已。她说：'天啊，你都能独立整理滑雪行囊了！'我问妈妈什么叫'独立'。妈妈回答道：'就是独自完成你想做的任何事情。'"

"时至今日，我仍然坚信，只要功夫深，铁杵也能磨成针。"克丽丝塔表示。

许多人说，幸存者之所以能幸存纯靠运气。然而，当读完了幸存者克丽丝塔·布雷尔斯福特的故事，我们会意识到，可能不是这样。走进幸存者们的故事，我们不难发现，他们之所以幸存，常常得益于自身与他人、观点和目标之间建立起来的各种纽带关系。诚然，克丽丝塔与父母和伊森建立了牢固的纽带关系。其实，在她的故事中，我们也看到她深入且迅速地建立起其他纽带关系。她与将其从废墟中救出来的温森，以及抓着她的手、静静地看着她的小孩建立纽带。她与自己的祖国、天上的星辰以及自身的使命建立纽带，并由此获得了强大的力量。在那个因腿部受伤疼痛难忍的夜晚，她甚至与在心中设立的目标建立纽带。

像克丽丝塔一样能建立各种纽带关系的人，需要具备一定程度的开放性和易受影响性。这就是为什么我们将建立纽带关系看作领导力的核心。要实现组织人性化的终极目标，领导力中的"关心关爱"和"勇敢奋激"非常重要。建立纽带关系是潜能领导力当中"关心关爱"的部分，在商业情境下，这一部分通常被忽略。那些纪律严明、重点明确且坚持目标导向，但无法建立纽带关系的领导者，十之八九是要失败的。

想想那些你有幸共过事的令人印象深刻、鼓舞人心的领导者，他们是否冷淡、自我疏离、离群索居并让人敬而远之？答案是否定的。他们是否和蔼、亲近他人、和合相生且能鼓舞人心？答案是肯定的。

显而易见，杰出的领导者不仅能与他人建立联系，还能彼此建立积极的情感纽带。他们认为，人们是有趣且有价值的。进一步说，这些领导者身上杰出的一点是，他们认为人性本善，是值得信赖的。他们总能看到人们身上的闪光点。他们不会在乎冰冷生硬的工作岗位说明，不会过度解读员工的某一具体行为，而是能看到职位、工作能力或者绩效指标后面的一个个鲜活的人。在构建人际纽带方面，这些领导者具有极高造诣。

在《创意猎手》（*The Idea Hunter*）一书中，比尔·费希尔教授指出："要对世界充满兴趣，保持好奇心，而不仅仅让自身变得有趣。"[1]

当你表现出了解他人的兴趣时，你便开启了纽带关系的建立流程。

什么是纽带关系

握手、微笑、眼神交汇和日常交流，纽带关系就是在这些温情时刻开始建立的。并肩作战、共同玩耍或者围绕某一共同目标交流沟通，牢固的纽带关系便逐步形成了。

作为一种协同增效的合作形式，我们对人际纽带的定义是：

能够迸发出比个体和群体更多生理、情感、智力和精神能量的依恋关系。

上述定义适用于任何种类的纽带关系。正如我们在克丽丝塔的故事中看到的，人们可以与人、动物、物品、想法和目标建立纽带关系，并从中获取能量。然后要么将这些能量反射回去（比如，克丽丝塔再次站起来行走的目标），要么将能量转化为积极的行动（比如克丽丝塔从星辰中获取能量，并以此支撑自己度过疼痛难耐的夜晚）。

本章我们聚焦于建立人与人之间的纽带关系。人际纽带是一种能够对你和他人的生理和心理造成影响的情感联系。它是既能让人们获得被保护感和安全感，也能让人们获得能量和鼓励的一种依恋关系。

建立人际纽带并不仅仅因为它本身是一件好事，更因为它是人性的基本需求。卡伦·霍尼认为人们有两大行为动机。一个是对安全感和爱的需求，另一个是对成就感的需求。[2] 在《魔童》（*Magical Child*）一书中，约瑟夫·奇尔顿·皮尔斯将人际纽带理解为超出一般意识、进入到心灵层面的一种沟通交流。他指出："人际纽带是将生命系统协调整合到一起的重要的物理性联系。人际纽带确定了重要的认知，是理性思维的基础。"[3]

人类是社会性动物，没有人际纽带寸步难行。在人生历程中，我们要与家庭、族群、部落、领导者、团队或者组织建立各种各样的纽带关系。

如果不建立纽带关系，你将终身寻觅只有纽带关系才能给予你的东西。在工作中，纽带关系有时曾被认为不那么重要，实际上，它是领导者取得成功的关键因素。然而，现在仍然有许多人，通常是组织内的高级别领导者，他们要么因为种种原因不愿意建立纽带关系，要么从未接触和学习过相关理念。对于一些领导者而言，缺失"建立纽带关系"的必备技能不仅使他们的领导力面临严峻挑战，也会对其个人生活造成负面影响。害怕被拒绝、害怕被认为软弱无力、害怕被认为优柔寡断……这些或许是领导者建立人际纽带时的顾虑和担忧。遗憾的是，他们没有意识到，如果不建立人际纽带，他们便失去了促进自身和团队取得可持续卓越成就的根本。在充满各种压力的当今时代，真正的风险是我们过度强调"如何做""怎么做"等"术"的问题，却忽略了"是谁""归属于何方"等"意识"层面的问题。

如何判定自己是否建立了人际纽带？当你变得有同理心，能够分享共同目标，以及愿意为他人承担风险时，你便建立了人际纽带。而当你没有建立人际纽带或者仅仅与物质性的东西建立纽带关系时，你便会感到孤立和被疏离。

"**错误观念：身居高位者都是孤独的。**

这一观念是不对的。作为潜能型领导者，当你充分施展才能时，你必定与他人保持着纽带关系。虽然你可能独立自主地进行决策，但你并不感到孤独。通常来说，是否感到孤独是个人选择的结果。你可能身处人头攒动的闹市却感到形单影只，你也可能独立于群峰之巅却能心系万众。"

拥有同情心和同理心

理论上讲，人际纽带是双向的，它给予相关人员值得信赖的依靠。人际纽带不仅仅是搭上联系或者建立融洽关系，更是情感上的互相迁就、互相忍让。因此，人际纽带其中一个特征便是具有同情心和同理心。同情心和同理心是"关心关爱"的主要内容。我们知道，本质上领导力是很个人化的。工作既是理性的，也是感性的，人们应该把理性和感性都带入工作中。

问问自己：
★ 我是否能站在别人的立场上考虑问题？
★ 我是否能对他人的痛苦和焦虑产生同理心？
★ 我是否能给予人们关心关爱？
★ 我如何表达关心关爱？

分享共同目标

作为领导者，你的目标不是与所有人交朋友，而是建立提供关心关爱、激发探索勇气的人际纽带。实际上，很多人将人际纽带误以为是友谊。与某人建立人际纽带并不意味着你一定要喜欢对方，你只需与之分享共同目标。即便知晓人质劫持者可能面临牢狱之灾，训练有素的谈判专家也要积极致力于与劫持者建立人际纽带，并引导劫持者将"心灵之眼"聚焦于共同目标，以便解除当下危机。95%的人质谈判是因为谈判专家与劫持者通过共享目标，建立人际纽带并最终取得成功的。对于被人际关系伤害过的人而言，他们更愿意与目标建立纽带。对他们而言，与可分享的目标建立纽带，有助于修复过往伤痛，以及重新建立人际纽带。

愿意为他人承担必要风险

当你建立了纽带关系，你就敢于为他人承担风险。下面这个故事是一位名叫拉尔夫的高级管理人员分享的。

在企业里有这样一位员工，他已到了知天命之年。在过去12年间，他曾3次因抑郁症入院治疗。而作为工龄超过20年的老员工，他曾一度是业绩卓越的销售主管。在第3次因抑郁症入院治疗结束后，他被安排从事行政文书工作，比如撰写行业数据分析报告等。没人愿意赋予他业务运营方面的职责。当我开始分管这位员工时，有人向我建议，应该把他裁掉。

我将他叫到身边，直截了当地询问他抑郁症的具体原因。或许被我的诚意打动，他打开了话匣。在交流中，我了解到，他是因为工作中的某件事而患上抑郁症的，之后整个人的状态一直不好。我告诉他，我愿意给他一个重新开始的机会。我将给予他公平公正的待遇，没有工作限制或附加条件，不将他的病史作为评判其能力的硬杠杠。

如今，这位员工精力充沛、积极进取，不仅令人信赖，而且时常对同事施以援手。为什么我的处理方式能奏效？这位员工告诉我，我是第一个真诚地询问他抑郁症的状况，并愿意倾听他内心想法的人。通过谈心，我获取了他的信任，因此他愿意尝试重新开始。当我像对待团队其他成员一样对待他时，其他人也看到了我"言必信，行必果"的领导作风。

这个故事阐释了潜能型领导者应该做的事情。通过谈心，潜能型领导者接纳了他人，并愿意为他人承担必要风险，这就激发了其潜能。拉尔夫找到了这位员工状态低迷、停滞不前的原因，通过了解他的工作动机来发掘其潜能。拉尔夫愿意为这位员工提供支持，并给予他安慰、保护、信念和力量。虽然拉尔夫也承担了一定的风险,但他坚信一定会成功,而事实上也确实成功了。

问问自己:

★ 我是否因为与同事建立了纽带关系,而为他承担风险?

纽带循环

如图 3-1 所示,纽带循环分为四个阶段:依恋关系、建立纽带、分离与悲伤。不了解悲伤,就不明白什么是纽带关系。不了解分离,就不明白什么是依恋。只有意识到我们可能同时与诸如人、动物、物品、价值观、目标和理想信念等建立纽带时,你才能了解人类关系的复杂性。在这当中,我们与其中一些的纽带可能比较坚固,与另外一些的纽带可能比较薄弱。纽带建立起来后,会经历分离和悲伤两个阶段,你的身份认同也会发生改变,并找到新的依恋关系。随后,纽带开始周期性循环。我们的一生会经历各种关系,有些能发展为真正意义上的纽带,有的则一直处于分离阶段。

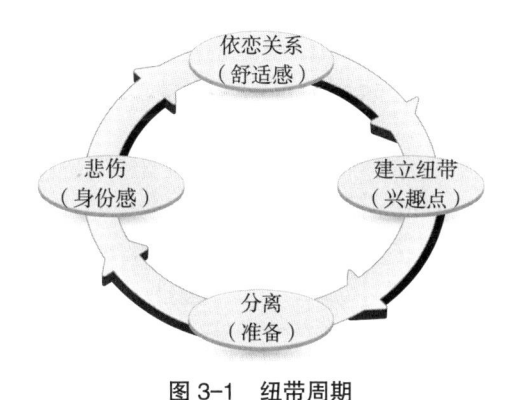

图 3-1 纽带周期

这种形成、维系、终结和重启情感联系的循环，是潜能领导力的重要组成部分。

依恋关系

依恋关系是纽带周期的第一阶段。无论是合作伙伴、新工作或者项目，人们都可以与之形成依恋关系。每个人都需要依恋关系，它能为人们提供舒适感。依恋关系形成时，我们会有安全感，并放下戒备心理。

大脑、镜像神经元和纽带模块

几年前，人们依然坚信社交能力，包括建立纽带是自然特质。然而，最新的神经科学研究结果显示，社交能力是一种后天习得的行为，是通过名叫镜像神经元的大脑系统习得掌握的。

2004年，在位于意大利一座名叫帕尔马的小镇，一群研究猴子的脑科学家吃惊地发现，当猴子捡拾花生时，神经元会发出电子脉冲，而当猴子看见其他猴子捡拾花生时，神经元也会发出电子脉冲。这种特殊脑细胞原名为"有样学样"（Monkey see, Monkey do）神经元，现在统称为"镜像神经元"，因为无论自己做某事，还是看见他人做某事，这种神经元都会发出电子脉冲。[4]

镜像神经元给予人们通过模仿进行学习的能力。维莱亚努尔·S.拉马钱德兰博士认为，由于镜像神经元系统的强大功能，人类进化才能出现重大飞跃。[5]看见某人做某事，然后对其进行模仿。模仿某一行为的频次越高，就越有可能习得这一行为，并最终成为一种刻在肌肉记忆里的本能行为。

研究结果显示，关联性和同理心是人类的基本需求。事实上，纽带是一种生物构成，它能通过镜像神经元激活启动。通过观察他人建立纽带的方法，你也可以习得建立纽带的能力。如果镜像神经元是让建立纽带和形成同理心变得可能的生物系统，那么安全基石或潜能型领导者就能让可能照进现实，成为化腐朽为神奇的领导力"镜像神经元"。回想一下你的差劲上司，看看他对人们造成的负面影响：

- 他是否总是威胁恐吓他人，并基于诸如攻击挑衅、僵化被动、灌输恐惧等负面行为建立企业文化？
- 你是否见过这样的团队，由于领导者或成员的负面行为而导致整个团队的综合质效呈螺旋式下降？

你或许也见过相反的情况：

- 你是否见过某位团队成员，通过其积极正面的行为和思维方式改变消极负面的企业文化？

引导和激励追随者，领导者的真诚和移情能力非常重要，镜像神经元也从科学上证明了这一点。其实，这就是我们所说的情商[6]——不但具备自我认知能力，还要具备社会认知能力。通俗地说，情商就是通过调节和管理自我情绪，去影响别人的情绪，并以此与他人建立纽带关系。

依恋关系并不必然包含具有重大意义的情感纽带或相互依赖的关系纽带。依恋关系是深度依存、并肩作战或互通有无的助推器。从他人对你的影响、对归属感强弱的感知等方面，你能够了解依恋和纽带的差异。

我们遇到的高级管理者，通常会有这样的疑问：他们能与他人形成依恋关系，却始终无法建立人际纽带。

第三章　信任感：建立纽带关系

建立纽带

建立纽带是纽带周期的第二阶段。播撒依恋关系的种子并不一定能结出情感纽带的果实。然而，就像我们在许多潜能领导力实际案例中看到的，无论是短期还是长期的依恋关系，都蕴藏着成为纽带的潜力。纽带关系能否最终形成，取决于你看待和应对依恋关系的方式。

当依恋关系中出现了交流互动的能量、深入的情感关联、人与人之间的"化学反应"或者围绕共同目标的协同共治时，依恋关系便升级成为纽带关系。本质上，纽带关系的深度和强度取决于参与构建纽带的个体对于纽带关系的兴致多寡，即他们对于依恋关系以及共同目标的关注度。纽带关系浅，你所获得的能量便少；纽带关系深，你便能迸发出超乎寻常的潜能。以攀岩活动为例，如果保护者不能全身心投入或者与攀岩者只保持着最低程度的信任感，攀岩者便无法充分获得安全感，便会失去前进的动力。

纽带关系有许多种存在形式：你可以与在世之人、离世之人或者从未谋面但激励你不断奋进之人构建纽带关系。

父母与子女的代际纽带、家庭纽带、兄弟纽带、姐妹纽带、政治纽带、团队纽带、学术纽带、精神纽带、社会纽带……人际纽带涉及的范围如此广泛，让纽带关系这一心理学专业术语变得越来越来通俗易懂。在人际纽带中，不同层面的情感交流促进了人与人之间的相互影响。"我向你张开双臂，你对我坦诚相待"，这是个人层面的情感互信；"我们守望相助，迎难而上，共克时艰"，这是团队层面的情感互助。总之，人际纽带所迸发的是守望相助时的内驱力、迎难而上时的动力以及共克时艰时的潜能，这些既是提升参与度的关键元素，也是助推变革创新的重要因子。

分　离

　　分离是纽带周期的第三阶段。纽带关系并不是一成不变的，它会演变升华或者走向终结，这里的终结指的是纽带关系分离。具体而言，纽带分离的原因是多方面的：工作发生变化、项目已完成、人事关系发生变更、人际关系发生变化、梦想已经实现或破灭、人已经退休或搬迁等。此外，人员离世也是纽带分离的一种形式。总之，任何东西都会走向终结。

　　时间变化会让所有关系发生改变，并走向分离。一方面，丧失、冲突、嫉妒、报复等消极因素都可能导致纽带关系分离；另一方面，一些积极因素也会导致分离，比如晋升（与一些同事告别）；结婚（与单身生活告别）；获得学位（与学生时代分别）。总之，分离就是对某些人或某些事放手，并为迈过悲伤，迎接全新未来做准备。

悲　伤

　　在纽带周期中，悲伤是第四阶段，也是最后一个阶段，这是分离阶段的延伸与升华。悲伤意味着与过往说再见，向未来问好。从理论层面看，它将会带来新的依恋关系或重建原来的依恋关系。悲伤是纽带关系结束或变化带来的情感体验。完整走完纽带关系周期四大阶段意味着完成了对悲伤的体验和表达。悲伤让你拓展了自我认知，鞭策你拥抱未来的自己。为形成新的依恋关系，并由此可能发展为新的纽带关系做好准备，体验悲伤的目的如下：

- 宽恕。
- 重建。
- 重新找到生活和工作的乐趣。

作为潜能领导力中的重要概念，悲伤对推进个人和组织变革非常重要，我们将在第四章进一步阐释。

循　环

值得注意的是，不经过悲伤这一阶段，便无法真正地建立纽带关系。事实上，对某些人而言，他们的人生哲学是逃避痛苦，降低悲伤发生的概率，他们拒绝建立纽带关系，不愿意在情感上冒风险。这些人具有很强的防御心理，人为地架起高墙、设置障碍，使自己免受伤痛，成为"虚无的孤独者"。他们永远盯着纽带关系的消极一面——无论经过哪一阶段，也终将结束。

大体上，你过往的安全基石经历，会让你正确处理纽带关系周期，这是一个形成、维系、终结和重启的纽带关系循环。

问问自己：
★ 在职业生涯和个人生活中，我建立人际纽带的效率如何？
★ 在形成、维系、终结和重启纽带关系上，我的过往经历如何？
★ 我是更亲近还是更疏远他人？
★ 在我成长的道路上，谁曾是我建立纽带关系的榜样？
★ 在建立纽带关系方面，我的团队表现如何？

── 建立纽带关系， ──
取得信任

雷纳信托建设研究院（Reina Trust Building Institute）发布的研究报告显示，在当下的商业环境中，信任感是极度缺乏却又非常重要的珍贵特质。在填写调查问卷的普通员工当中，80%的人表示，他们对于实际管理、运营企业的人员几乎没有信任感。在填写调查问卷的所有管理人员当中，有大约50%并不信任他们的领导。然而，员工认为，即便是对管理层能力的信任有小幅提升，其价值也相当于加薪36%。[7]

为了让追随者勇敢奋进，取得更大的成就，潜能型领导者需要得到他们的信任。当领导者与追随者建立起坚固的纽带关系，并为他们提供安全感和保护感时，信任就建立起来了。当领导者对追随者产生同理心后，追随者也就能感受到领导者的关心关爱，这时领导者和追随者之间的信任感便进一步提升。这样，追随者就更能接收领导者提出的建设性意见和指导，因为他们坚信领导者始终将他们的利益放在心上。有了信任，你和追随者都会真正回归本性，愿意向对方坦露心扉。

盖洛普公司（Gallup）曾发起一项覆盖1300万名职场人士的调查研究。结果显示，当上司将自己当作有尊严的人来关心关爱时，他们对工作的投入度最高。[8]领导者的这种关心关爱正是来自相互间的纽带关系。调查结果还显示，大多数的挫败感主要来自上司而不是企业。调查还发现，工作中良好的人际纽带关系是提高员工工作投入度的关键。盖洛普公司最后总结道，员工对工作情感依恋水平与工作效率、顾客满意度、缺勤天数和人员流动率密切相关，而这些正是领导者在意的关键指标。[9]

既然信任对绩效影响巨大，那么你一定要将通过纽带关系建立信任放到优先地位。做一名潜能型领导者，你能更好地释放员工的潜力，进而提升工作效率、士气和质效。

无论是建立长期还是短期的信任，都需要有针对性地投入时间和精力。纽带关系可以刹那间建立，也可能共事几十年仍无法形成。以下这个故事是由高级管理人员安德斯提供的，他以个人经历生动阐释了在实际工作中是如何建立人际纽带的。

如果我这一生取得过成功，那就是与人们建立了充满信任的人际纽带。信任意味着坦诚、开放和尊重。通过各种互动和其他促进关系建设的活动，我们团队的纽带关系越来越强。

我们以团队形式获取的成功越多，我们团队的能量就越大。我们守望相助，共克时艰，我以作为这支强大团队的领导者感到自豪。

有这样一件事彰显了我们团队的成功。一次，我的踝关节受伤，只要移动身体就得依靠他人。受伤第一天，早晨7点，一位团队成员就来到我家门口，将我送到办公室。随后，团队成员制定了未来6周的人员护理轮岗表，这一切并不是我要求的。

从创建团队到明确目标愿景，再到最终获取成功，我打造了一支纽带关系牢固的高绩效团队。我们通过向公司其他部门分享和推广经验成果，来庆祝我们获得的成功。

一些团队成员请我当他们的个人导师。时光荏苒，即便我现在到了新的工作岗位，但与这些成员的关系纽带依旧坚不可摧。

从安德斯的故事中我们看到，如果人们感受到与你建立了纽带关系，并明确了共同目标，他们就愿意支持你，追随你。没有这种纽带关系，是无法引导和激励他人的。互相尊重是建立人际纽带的重要前提。作为领导者，了解纽带周期有助于了解人们的情感和动机，这对建立人际纽带大有裨益。

无论是打造潜能领导力，还是回归人性，纽带关系都发挥着重要作用。

潜能领导力
两大特质有助于建立纽带关系

在潜能领导力的九大特质中,有两大特质对建立人际纽带非常重要,它们为性质各异、能量巨大的人际纽带关系创造了有利条件。因此,在本章中,我们将重点介绍"接纳他人"和"发现潜能"。

特质 2:接纳他人

在我们的调查研究中,领导者们经常使用下面这些表述来形容潜能型领导者是如何接纳他人的。

"他不仅从我的工作表现来了解我,更将我看作一个有血有肉有思想的人。"

"己所不欲,勿施于人。爱这个字或许略显夸张,但起码给予了尊重和善意。"

"接纳他人就要接纳他人的全部。"

"他说'做自己,不要模仿并试图成为他人'。"

"即便遭受失败,父亲也会支持我追求梦想。"

"即使工作影响了家庭生活,我的伴侣也总是跟我站在一起。"

潜能型领导者承认并接纳个人价值,并不将个人看成统计表里的冰冷数字或机器上毫无生命和思想的齿轮。

"接纳他人"与著名心理学家卡尔·罗杰斯提出的"无条件正向关怀"的理念异曲同工。[10] 他表示,人们应该无偏见地承认他人的基本价值。这意味着你应该无条件地、不先入为主地、客观地接纳他人。

这样做的好处是,能关闭大脑中防御性反应机制,允许他人大胆地尝试一切可能性，探索新的路径和方向，不会担心被拒绝或受责难。想象一下，面前站着全世界最让你有安全感的人，被这种感觉包围，你会有何感想，如何行动。再想象一下，有这样一个人，能让你放下戒备，让你自主自发地进行思考和行动。通常，人们将没有被胁迫和评判的人际关系叫作"做自己"。

回顾孩提时代的学习经历，美国前总统比尔·克林顿是这样讲述"接纳他人"的。

从外祖父母给我讲的故事中，我学到了很多道理。虽然世间没有完美无缺的人，但大多数的人都是心地善良的。我们不应该在人们最糟糕或最脆弱的时刻武断地评价他们，尖酸刻薄会让我们变得虚情假意；许多人都在用坚持来呈现他们的坚韧；面对痛苦，笑是最好的药剂，可能也是唯一的应对之法。[11]

你能够随时随地给予任何人无条件的正向关怀吗？对于普通人来说，这是不可能的。但是作为领导者，你总要在某一时间节点对他人的表现进行评判，例如在业绩考核时。然而，罗杰斯指出，虽然我们无法随时随地对任何人给予无条件的正向关怀，但这并不说明不必要。实际上，我们可以将"无条件的正向关怀"作为语言或非语言交流的基础。必须承认，接纳他人比重视、尊敬和赞赏他人更有价值。换句话说，接纳他人就是彼此都把对方当成一个真实的、有价值的人。

《财富》杂志曾刊登过百事可乐公司董事长兼首席执行官卢英德讲述的故事。这是"接纳他人"的一个案例。

我父亲是个了不起的人。从他那儿，我学会了在人际交往中要常做善意推定，就是无论他人说什么、做什么，我们都应善意地回应。如果坚持这样做，你会惊奇地发现，你待人接物与过去完全不同了。

当你对周边环境抱持恶意时，你会情绪焦躁，怒气冲冲。抱持善意时，你会惊奇地发现身边的人、事并非那么糟糕。你的情商会大幅度提升，因为你不再恣意妄为地回应周边的一切。你不再抱守防御性姿态，不再对身边的人大吼大叫。你开始尝试理解和倾听他人，因为你会时刻告诫自己"我可能漏掉了对方表达的重要信息"。

在工作时，人与人之间的交流时常是在氛围紧张、分歧白热化的情况下进行的。面对不可避免的情绪化表达，你要么选择置之不理，要么紧盯不放，认为是对面的人想让你难堪，要把你打垮。当然，你也可以选择这样对自己说："不要上火！让我静下心来，彻底搞懂对方究竟想要表达什么。对方的反应是否因为伤心难过、沮丧焦虑或迷茫疑惑，或者还没理解我先前与他沟通的内容。"如果仅仅因为不喜欢对方的态度，便消极地回应，那么就会使本应坦诚的交流变成相互的恶意中伤。如果积极友善地回应对方，那么对方心里一定会想："人家这么坦诚友善，而我却在发脾气，确实不应该。"[12]

评估你的潜能领导力行为

在 1 到 5（"1"代表从不，"5"代表经常）的范围内对以下行为打分：

- 把团队成员看成真实的、有价值的人，而不仅仅是履行某项职责的职员。
- 以支持和鼓励的方式接纳他人的短板和不足。
- 不先入为主地评判或责难对方，要看到他们的内在品质。

如果上述某行为分值低于 3，你应该优先培养"接纳他人"这一特质（详见第八章"成为他人的安全基石"）。

培养"接纳他人"这一特质的小技巧

（1）**严于律己，知行合一。**让"接纳他人"的理念入脑入心，走深走实，见行见效。

（2）**越过岗位身份，了解他人的秉性特点。**通过询问，全方位了解他人的志趣、忧虑和个人经历及优缺点。必须认识到，岗位职责和绩效指标并不能概括每个员工的全部。他们都是一个个鲜活的人，有希望，有梦想，但也畏惧和脆弱。

（3）**将失败的教训转化为学习的动力。**当人们犯错误或暂时失败时，先肯定其作用，然后复盘分析失败原因并给予建设性反馈。询问他们"你从错误中吸取了哪些教训；如果下次遇到类似问题，你会如何妥善应对"。工作和生活中的复杂性和不确定性，让我们不可避免地遭遇失败和犯错误。事实上，有大量研究显示，失败是促进创新和取得卓越成就的催化剂。如果人们知道即便遭受失败，也会被支持和信任，那么他们会更愿意承担可能导致失败的必要风险。接纳和包容是好奇心、创造力，以及组织变革的重要基础。

安德鲁是一位足球运动爱好者，他的教练曾说过一句让他终身受益的话："如果你有所悟、有所得、有所精进，失败便不是失败。"

（4）**将人和问题分开看待。**一旦将人和问题混为一谈，你很有可能被问题推入"人质劫持事件"。这将让你无法找到解决问题的方法。值得注意的是，在人际交往中，虽然"接纳他人"要求你将别人当作一个个鲜活的个体，但并不意味着你要无条件接纳他们的所有行为。

作为人质谈判专家，乔治是这样运用"将人和问题分开看待"这一理念的。

虽然我绝不可能接受劫持者的任何犯罪行径，但为了妥善解决问题，我认为从人的角度出发，秉持"接纳他人""无条件的正向关怀"等理念对待劫持者是非常重要的。这就是将人和问题分开看待。我面对的谈判对象不仅是走向犯罪深渊的人质劫持者，还是一个带着悲伤、愤怒、后悔、恐慌等情绪的鲜活之人。当我将对方看作鲜活之人时，我便更有可能与其建立纽带关系，进而顺利、平稳地解决问题。

特质3：发现潜能

在我们的调查研究中，领导者们经常使用下面这些表述来形容潜能型领导者是如何发现潜能的。

"我身边的人，总是比我更有信心。"

"在公司，她看我的视角总是与其他人不同。"

"你能担任这一职务，是因为你优秀、能干、聪明。我很高兴你能在这里工作，我会竭力支持你，让你承担更具挑战性的工作。"

"我相信你能做到。不要放弃，大胆尝试。"

"我的父母认为我能够成就任何事业。在他们眼里，我的能力没有上限。"

"我小时候就有获得诺贝尔奖的梦想。父亲一直对我信心满满，认为我能够做到。他从不对我说'不，不，不，你这是白日做梦，还是现实一点吧'。相反，他总是告诉我'是的，当然！你一定能行'。"

潜能型领导者总能发现每一个人的潜在天赋，而不局限于当下的表现。这一特质是"接纳他人"的升华。它所传达的理念是，我不仅接纳认可你，还对你的能力充满信心，即便你未发现和不相信自身的潜能。让我们来看看下面这个故事。

埃塞尔是来自新加坡的一名模特。入行以来，身边不断有人泼冷水，说她长相不够"标致"，缺乏成为超级模特的潜质。某天，温加罗时装品牌销售代表从欧洲来新加坡洽谈业务，其间，他问埃塞尔是否想去巴黎发展。这个邀约让埃塞尔内心燃起希望。她立即来到欧洲担任时装模特。后来，她又去美国发展。在旧金山，她遇到了摄影师保罗。保罗看到了埃塞尔身上的特别之处，并帮助她找到了适合的妆容和造型。之后，埃塞尔的事业蒸蒸日上，成为高级时装模特，为阿玛尼等时装品牌走秀，甚至出现在奥斯卡金像奖的直播舞台上。

问问自己：

★ 在我的人生中，是否有人发现了我还未发觉的潜能？

与潜能型领导者相反，有些领导者压制他人成长和扼杀他人对未来的希望。这可能是因为这些领导者没有安全感、嫉妒猜疑、有狭隘的权术博弈观念，或从他的上司那里感受到威胁等。就像优秀的父母总希望孩子们能够超过自己一样，优秀的潜能型领导者也总是致力于发掘身边人的潜能，共同创造更加辉煌的业绩。

自信自强，聚焦未来，安全基石就是这样发现和激发他人身上巨大潜能的。让我们看看下面这个故事。

这位高级管理人员来自丹麦，童年是在一个小村庄里度过的。她将老师视为偶像。她告诉老师，自己长大后也想在该校任教。老师对她说："不，你不应该在这里做一名老师，实现这一目标对你来说太简单了。你是一个拥有巨大潜能的女孩，应该有更远大的目标。"老师鼓励她要志存高远。多年后，她成了丹麦财政部副秘书长。老师发现女孩走出村庄，走向更大舞台的巨大潜能，并帮助其树立宏大的目标愿景。

评估你的潜能型领导力行为

在 1 到 5（"1"代表从不，"5"代表经常）的范围内对以下行为打分：

- 对每位追随者的潜能有清晰、明确的认识。
- 鼓励每位追随者充分发挥潜能。
- 询问每位追随者的职业期望和梦想。

如果上述某行为分值低于 3，你应该优先培养"发现潜能"这一特质（详见第八章"成为他人的安全基石"）。

指导时刻

指导一个人需要多长时间？最短 30 秒就够了。当你与他人建立安全基石型关系时，一次交流、一个表态、一个发问都能向他人传递强有力的信息：我已发现你身上的潜能。

在合适的时机，可以用如下提问来引导他人。

- "我坚信，在你的管理下，这个项目一定能大获成功。你需要我提供哪些支持？"
- "第一次尝试，失败是正常的。关键是你从失败中吸取了哪些教训？下次如何妥善应对？"
- "备选方案是什么？你能与我详细说说备选方案吗？"
- "你做得很好。我相信你能做得更好。你想知道如何让自己做得更好吗？"
- "我认为你可以为团队、为企业贡献更多的聪明才智。你愿意听听我的意见吗？"

培养"发现潜能"这一特质的小技巧

（1）要具备发现团队或成员潜能的眼光。领导者需要思考，如果给予机会和平台，成员将获得怎样的成就。要积极地、前瞻性地发现他人潜能，不能根据过去或当下表现有成见地评判他人。

（2）始终抱有高期望值。不要接受追随者自我轻视和自我设限。纳尔逊·曼德拉曾引用过玛丽安娜·威廉姆森的话。

我们最大的恐惧，并不是我们的无能为力，而是我们无法估量的潜能。是我们内心的光明而非黑暗，让我们惊恐。问问自己，我可以让自己变得才华横溢、光彩夺目吗？事实上，你认为自己不可以吗？你轻视自己、掩盖自己的光芒，不愿造福世界。为了避免引起他人的不安，你有意收敛锋芒，这样做毫无意义……当我们让自己发光时，不知不觉中我们也会引亮别人。当我们将自己从恐惧中解放出来时，无形中我们的存在也解放了别人。

如果你发现了对方的潜能，并设定符合实际的期望，追随者会表现得很好；如果你不能发现对方的潜能，追随者就可能一无所成。最后，他们不得不离开你，寻找适合自己的发展平台。[13]

（3）聘请那些比你更有潜力的人，培养他们。不要担心别人超越自己，因为这些优秀的人是为你工作的。你的任务就是发现并激发他们的潜能。这样的领导力哲学充分体现在下面的对话场景中。管理者向新入职的员工抛出这样一个问题。

"你是否想过自己成为高级管理人员或首席执行官？你需要站在整个职业生涯的角度思考自己未来的可能性，而不仅仅将目光盯在下一个职位上。记住，你拥有足够的潜能成为高级管理人员或首席执行官。"

下面这个故事,正体现了奥美公司的企业文化——聘用那些比你更有潜力的人。

每当戴维·奥格威在全球范围内任命新的高级管理人员时,他都会安排专人将俄罗斯套娃放到新人的办公桌上。当新的高级管理人员打开套娃,会发现里头还有一个小套娃,最后会看到一张字条,上面是奥格威亲笔写的一句话:永远聘用那些比你优秀的人。只有这样,我们才能成为一家巨人公司。反之,我们就会变成一家侏儒公司。[14]

> **学习重点**
> - 建立纽带关系是潜能领导力的核心。
> - 建立纽带关系是人类的本能行为:我们都需要与他人建立联系。
> - 建立纽带关系,不需要喜欢对方,你们只需要拥有共同目标。
> - 如果你不愿意建立纽带关系,你将会陷于孤立无援的境地。
> - 纽带关系能够创造信任感,这对潜能领导力的建设至关重要。
> - 接纳他人意味着无条件的正向关怀。
> - 当你发现追随者的巨大潜能时,他们就离卓越成就更近了。
> - 享受人生乐趣,这是最重要的纽带关系。

常见问题

细心的读者可能已经发现,相较于别的章节,本章的"常见问题"多了一些。这是因为在讲授"纽带关系"时,那些"结果导向"的人提出了很多问题。

问题：工作场景中，纽带关系是什么样子？

回答：纽带关系可以通过简单的方式体现。

- 和顾客见面时，一个真诚且温暖的微笑和握手。
- 工作间隙与团队成员可以聊一些与工作无关的内容，比如假期计划、家庭活动或周末安排。
- 说一些关心、体贴的话，显示你对他人很关心。
- 通过打电话与在其他办公室的同事交流，而不是发邮件。
- 在艰难的谈话过程中或结束后，努力维护人际关系。
- 别人处境艰难时，把手搭在他的肩膀上，说些宽慰的话。

问题：为了建立纽带关系，我需要变得性格外向吗？

回答：不必如此。事实上，性格内向的人也可以建立纽带关系，只要他们擅长倾听，拥有细致的观察能力，知晓他人的需求。一对一时，性格内向的人更有优势，纽带关系此时最重要。如果你性格内向，应当注重纽带关系的"质"而不是"量"。

问题：工作场景中，是否需要与所有人成为朋友？

回答：不需要。是否友善地对待所有人？是的。你不需要与所有团队成员互动，也不需要与所有人分享私人时间。不过，你应当尽可能地与更多的人建立友好的工作关系。

问题：建立纽带关系是否要"公开地讨好他人"？我的工作充满竞争，要求严格。如果我一直在乎这些"关心关爱"的东西，竞争对手可能就会超过我。

回答：记住，潜能领导力包括"关心关爱"和"勇敢奋激"。建立纽带关系是"关心关爱"，鼓励承担和应对风险是"勇敢奋激"。没有"关心关爱"，就无法取得可持续的卓越成就。只有"关心关爱"，才能"勇敢奋激"。

问题：有些人的表现确实很糟糕。我如何容忍他们？

回答：你接纳的是行为背后的人，而不是行为本身。事实上，当你真正接纳了一个人时，就会坦诚地面对他的糟糕表现。在建立包含"关心关爱"纽带关系后，再提出批评意见，效果会更好。

第四章

迎接改变：走出悲伤

> 熬过痛苦时光就像玩攀爬架。你得在适当的时候放手，才能继续朝前走。
>
> **C.S. 刘易斯** | 英国小说家、诗人、学者、文学批评家和散文家
> （1898—1963）

1995 年 1 月的那个晚上，投资银行家阿奇姆·卡米萨痛不欲生。他年仅 20 岁兼职送比萨的儿子塔里克，毫无征兆地被一名 14 岁的帮派成员托尼·希克斯无情杀害。极度痛苦和悲愤的阿奇姆辞去了投资银行的工作，成了一名社会活动家。他艰难地从难以名状的痛苦和折磨中走出来，在一名精神导师的建议下，他用做好事、行善举的方式悼念塔里克。

"手枪两端都是受害者"（victims at both ends of the gun），阿奇姆对此深信不疑。他选择宽恕托尼，并成立了塔里克·卡米萨基金会，致力于将具有暴力倾向、游走于犯罪边缘的青少年感化为非暴力主义者，并成立感化院。基金会成立一个月后，阿奇姆邀请托尼的外祖父兼监护人普勒斯·费利克斯加入。阿奇姆说："如果连我们两人都能达成和解并相互宽恕，还有什么样的深仇大恨不能化解呢？"

普勒斯非常愿意加入塔里克·卡米萨基金会，他将阿奇姆的真诚邀请称为"天随人愿的上帝显灵"。"我痛苦焦虑，内疚不安。"普勒

斯说，"我愿意为阿奇姆·卡米萨和他的家庭做任何事情。"自1995年11月，他们二人通过塔里克·卡米萨基金会组织的暴力危害论坛，将他们的经历与理念传到世界各个角落。他们与50多万名中小学生进行了交流。有超过2000万名观众通过视频节目了解到他们所做的事情。在一次次的交流中，他们引导青年积极践行非暴力、宽恕谅解的理念，在人生的道路上行稳致远。

此外，阿奇姆还与托尼建立了密切的联系，不仅为他争取提前释放而奔走，还在托尼出狱后让其到塔里克·卡米萨基金会工作。

阿奇姆的故事阐释了走出悲伤后所释放的潜能，不但能够宽恕，还能带着善意继续前行。阿奇姆激发了自己和普勒斯的潜能，影响甚至拯救无数正遭受暴力侵害的无辜生命。我们有幸见过阿奇姆本人，并亲眼见证了其信念所蕴含的强大力量。宽恕不仅是原谅对方，更是放过自己。只有彻底宽恕对方，才能完全卸下身上的痛苦。对于所有领导者而言，这也是十分重要的人生课。

阿奇姆丧子之后，有很多选择，我们清晰地看到，他选择了"自强不息"。为了捍卫儿子的荣誉，阿奇姆将"心灵之眼"投向积极的方面，与"自强不息"建立了新的、强有力的纽带关系，这让他获得了从痛苦和阴霾中走出来的强大力量。新的目标纽带完全避免了不必要的报复性仇杀。

在第三章，我们学习了纽带关系循环周期和悲伤对改变和成长的必要性。然而，面对失丧、分离和悲伤时，包括高级管理人员在内的许多人以及企业和组织，总会有一种莫可名状的、近乎本能的不安与难受，因为他们根本不理解这些关键性词语的意义。事实上，在我们开展领导力课程培训时，一讲到如何正面看待和应对悲伤，学员总是表现得非常抗拒，他们认为这个话题太个人化了，与领导力的关联性不强。然而，随着时间的推移，他们逐渐意识到这些词语的重要性和带来的作用。让我们来看看高级管理人员特里的案例。

为进一步提升管理人员的领导力质效，满足企业发展需求，特里被安排参加高级管理人员培训项目。培训早期，每当老师和学员谈论"失丧"的话题时，他都焦虑不安且异常激动。在某次小组讨论中，老师和学员了解到，几年前，特里失去了一个孩子。几年来，他深陷丧子之痛，无法自拔。在教职团队的帮助下，他尝试从那段痛苦的经历中走出来。一周后，特里敞开心扉，与妻子促膝长谈了一次，最终接受了妻子之前提出"再要一个孩子"的提议。

培训结业两个月后，特里的妻子有了身孕。现在，孩子的顺利降生让他们幸福满满。对于特里而言，走出悲伤不仅改变了他的个人命运，也提升了他的领导力水平。特里说："相较之前，我现在敢于承担风险，敢于面对之前无法正视的痛苦。带着积极乐观的心态，我继续实现自己的梦想。我与团队成员良性互动，并对要实现的目标充满热情。正面看待和应对悲伤改变了我的命运。"

我们认为，个人的失丧会严重影响领导力质效。因此，正面看待悲伤，并最终走出悲伤是成为潜能型领导者的必然要求。如果你无法卸下痛苦，就无法建立纽带关系和获得激励他人的力量。纽带断开后所产生的悲伤有强大的破坏力，能对我们的心理、思想和身体造成非常大的影响。正面看待和走出悲伤的能力，就是重获快乐和感恩的能力。

我们认为，悲伤是人类一个正常的、自然的心理过程，并不需要心理专家干预。潜能型领导者就是要帮助别人从失丧的悲伤中走出来，无论是他们个人生活中的还是工作中的失丧。你需要在你所有的人际关系中承担责任,当你完全接受了这一理念,并帮助身边的人从悲伤中走出来时,你便能从他们过往的痛苦枷锁中挖掘出潜能。

正面看待和走出悲伤,是高效地促进企业发展、更好地提高员工内驱力和工作自主性、高质量地促进企业变革创新,并最终实现企业永续经营的必需要求。

作为国际知名咖啡品牌之一,星巴克的某一分店曾发生过不幸,但企业管理者正面看待悲伤,帮助员工从焦虑和痛苦的阴霾中走了出来。

1997 年,华盛顿特区乔治城一家星巴克分店,3 名员工被枪杀。星巴克北美和国际市场总裁霍华德·贝哈尔打电话向正在纽约度假的公司首席执行官霍华德·舒尔茨汇报了此事。舒尔茨立即赶往华盛顿特区。与警方沟通后,舒尔茨来到 3 名受害者家中,与家属一起承受内心的伤痛,并向家属充分表达了他的同情和敬意。同时,他鼓励受害者的朋友和同事勇于面对悲伤,并从悲伤中走出来。

哀悼活动结束后,舒尔茨召开新闻发布会。他宣布乔治城分店暂停营业,进行整修。整修后的分店内将矗立一块纪念碑,以悼念受害者。此外,他还宣布将拿出乔治城分店的部分利润,帮助受害者家属,并赠给反暴力和受害者权益保护的慈善组织。[1]

—— 悲伤、失丧及纽带 ——
断开的影响

就潜能型领导力而言,悲伤源自因变化而导致的失丧。

"悲伤是一种正常的、自然发生的情绪反应。当任何熟悉的行为模式终结或发生改变时，悲伤便产生了。这些正常情感反应，包含着所有的人类情感。"

以上文字来自悲伤愈疗研究会（Grief Recovery Institute）发布的悲伤指数。这个指数包括了40多类影响我们工作、生活，以及身心的失丧。² 悲伤是一种普遍的情感体验，无关年龄、社会地位或文化背景。

失　丧

任何变化都不可避免地导致失丧，这种失丧是对曾经拥有的熟悉感逐渐淡却。

根据行为经济学（behavioral economics）的相关理论，趋利避害是人类主要的行为动机之一。这一理论由多位知名经济学家共同提出，其中两位还是诺贝尔奖获得者。³ 该理论指出，害怕后悔的心理会对人们造成很大的影响。即便是预感到哪怕一点的风险，人们也会因此放弃可能的好处。因此，与"趋利"相比，人们更倾向于"避害"。然而，通过效仿潜能领导力所提供的方法，人们可以克服这一自然本能。人们将愿意为获取积极成就而承担必要风险，这也符合我们所倡导的"自强不息"理念。

预期失丧带来的冲击等于或大于实际失丧。因为很多人会因为在实际失丧到来前过度担心失丧的严重程度，从而陷入持续的悲伤，这便是所谓的"预估性悲伤"。在企业中，"预估性悲伤"是常见现象。

随着时间的推移，如果因失丧所造成的悲伤并未化解，悲伤便会层层积累。无论是丢失了心爱的圆珠笔，还是故意延长对离世亲人的哀悼期，所有这些失丧造成的悲伤都应该得到化解。总之，悲伤是一种向过去告别的情感体验。这种体验来自纽带的变更、终结或转化。

只有对失丧所造成的悲伤说再见，你才能真诚地对未来说你好。

纽带断开

对悲伤的反应程度与失丧的严重程度呈正比。纽带关系越牢固，断开时所造成的悲伤就越强。无论是在生活还是工作中，失去安全基石带来的悲伤最难面对，但也最需要妥善解决。下面这个故事表明，断开重要的纽带关系将会造成多么强烈的影响。

形影不离的双胞胎修士朱利安·赖斯特和阿德里安·赖斯特共同走过了92年的岁月后，于2011年6月3日皆因心脏衰竭相继去世，死亡时间只相差了几个小时。20多岁时，这对从未透露谁先出生的双胞胎兄弟就加入了方济各会（the Franciscan Order）。他们的堂弟迈克尔·赖斯特在接受水牛城新闻（Buffalo News）采访时表示："他们亲密无间，不分彼此，总是为对方着想。"据了解，双胞胎兄弟大部分时间都是在纽约圣波拿文都大学（St. Bonaventure University in New York）度过的。该大学发言人汤姆·米塞尔对两人的离世发表评论称："富有诗意的结局为他们非凡的人生故事画上了完美的句号。他们的一生，几乎所有事情都是共同进行的，用'既在意料之外，也在情理之中'来描绘他们的人生结局再合适不过。"[4]

若不对纽带关系断开造成的悲伤进行妥善应对，其带来的负面影响是多方面的，比如心理疾病、攻击性与暴力倾向、药物上瘾、抑郁焦虑、精疲力竭、压力过大与易冲动等。此外，纽带断开的严重后果还会导致精神崩溃。[5]

当然，并不能因纽带断开会造成悲伤，我们就极力规避其断开。相反，在纽带周期中，分离是必然的，也是不会缺失的一个过程。为了远大前程，孩子要惜别父母。为了更好地发展，好老板总是积极引导员工走出"舒适区"，去抓住更多更好的机遇。事实上，无论是父母还是老板，不让他人走出"舒适区"，拒绝他人成长和发展便是将其推入"人质劫持事件"。不经历纽带关系断开的过程，就无法以全新的纽带关系迎接新的改变。

脑科学与改变

我们的大脑有一个"非友即敌"预警系统，通过快速判定对方是朋友还是敌人，继而确定是公平公正地对待还是怀疑区别地对待。[6] 对于领导者而言，存在于大脑中的"非友即敌"预警系统有重要意义。当对危机的感知激活了预警系统，人们便会封闭自己和疏离他人，并以此躲避预期风险。

为了鼓舞和激励人心，潜能型领导者不仅要克服自身激活预警系统的本能冲动，还要以开放包容与接纳认可的姿态对待他人。此外，他们还要帮助追随者将"聚焦敌人与分歧"转变为"聚焦朋友与共识"，使其更加开放，更具可塑性，更易打交道。[7]

脑科学研究成果还显示，归属感也是人类的行为动力。为了身心健康，我们都需要社会关系。当某人被社会孤立时，他会怎么面对自己的处境呢？艾森伯格和其他研究人员发现，无论是社会的孤立还是身体疼痛，大脑被刺激的区域都是一样的。被抛弃冷落、被无情拒绝或者被无端排挤都会带来强烈的痛苦。因此，当人们说"我被伤害了"时，他是真的在感受痛苦。[8]

这一研究结果对人们迎接改变有非常大的意义。它时刻提醒你，在面对因改变而遭受失丧的人时，要给予同情和换位思考。

问问自己：

★ 在个人生活中，我曾遭遇过什么样的失丧？我是否以悲伤来化解这些失丧，并继续勇往直前？

★ 在日常工作中，我曾遭遇过什么样的失丧？我是否以悲伤化解这些失丧，并继续勇往直前？

★ 如果未曾用悲伤化解这些失丧，我的领导力将受到什么样的影响？

★ 为了充分体验生活的乐趣，我应该试着放下什么？

本章开篇，阿奇姆的故事传递了这样一个道理：在遭遇重大失丧时，你可以转化悲伤，将自身蕴含的力量注入宏大的目标，这是对悲伤的积极表达。伊琳娜·利奇迪的故事也向世人展示，在面对重大失丧时该如何积极表达悲伤。

2011年1月30日，伊琳娜·利奇迪到警察局报案，她6岁的双胞胎女儿阿莱西亚和利维娅下落不明。伊琳娜说，她与丈夫马赛厄斯因感情不和已分居多年，目前正在办理离婚手续。上周末，马赛厄斯带着孩子们外出度假。可他没有按照约定将孩子们送回来，而是将她们带出瑞士，前往欧洲其他地方游玩了一个多星期。

其间，马赛厄斯给伊琳娜发了很多条手机短信。在最后一条短信中，马赛厄斯声称已经将孩子们杀死了。他写道："亲爱的，我本想与孩子们一同赴死，但终究事与愿违……放心，我会在孩子们的尸体旁了断自己。你将再也看不到我们，孩子们将不再遭受人间的痛苦，她们的亡灵将得到永恒的安息。"

2011年2月3日，在意大利的某条铁路线上，警务人员找到了马赛厄斯的尸体。根据警方现场勘查，马赛厄斯是卧轨身亡的。

对一位母亲而言，孩子不幸离世所产生的伤痛是难以言表的。面对如此巨大的变故，伊琳娜如何挺过来呢？乔治曾为伊琳娜提供过帮助，对她在痛苦和绝望中展现出来的勇气和毅力印象深刻。她准备做一些事情来悼念自己的孩子，帮助他人免遭类似的悲剧。这个悲惨的经历让伊琳娜意识到，失踪儿童的搜寻程序和机制需要进一步完善。于是，她萌发了建立相关公益组织的想法。

伊琳娜建立了瑞士失踪儿童基金会。成立时间选在 2011 年 10 月 7 日，当天也是阿莱西亚和利维娅的 7 岁生日。基金会主要工作有两项：一是设立紧急电话，二是为失踪儿童家庭建立服务保障网。此外，也提供与失踪儿童相关的法律咨询服务。

—— 认识悲伤的过程 ——

在帮助自己及他人承受悲伤前，有必要了解悲伤的整个过程。已过世的伊丽莎白·库伯勒-罗斯博士是研究悲伤过程的早期学者之一。虽然该理论最初是围绕如何应对爱人离世所造成的痛苦提出的，但实际上，对任何一种失丧造成的痛苦，该理论都适用。库伯勒-罗斯博士说：

"生活中，因为所灌输的教育理念，我们常常陷入这样的误区，面对内心的自然情感，我们隐忍不发，保持外在的镇定自若。久之，压抑的自然情感便转化为负面情绪。比如，害怕担忧转为恐慌焦虑，怒火转为暴虐。"

库伯勒-罗斯博士的研究成果让我们意识到，面对失丧时，正确认识和表达情感是非常重要的。[9]

图 4-1 展示了失丧和悲伤的变化曲线，适用于日常工作和个人生

活。曲线前半段，能量、自尊和应对力不断削弱，短暂稳定后，又在曲线后半段不断增强。在任何类别的失丧中，都能找到类似曲线。不过，事实上，悲伤过程不会线性向前推进。尤其是遭遇重大失丧时，曲线上的某些过程会重复出现，只是这些情绪重复时的强度会减弱，重复时间也会缩短。

宽恕和感激是悲伤过程的最后阶段。当你宽恕自己和他人，重新体验生命乐趣时，你便完成了悲伤的整个过程。

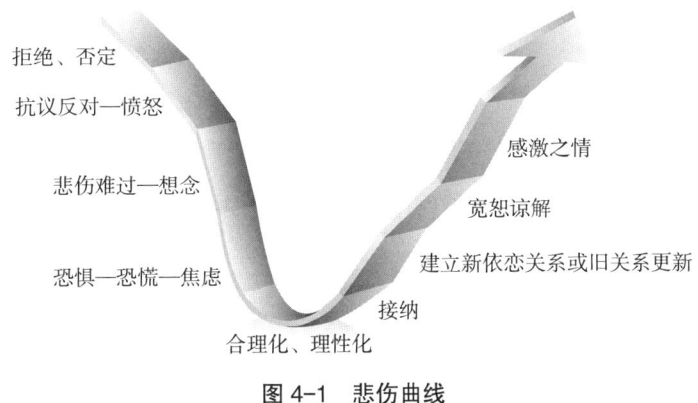

图 4-1 悲伤曲线

帮助别人用悲伤化解失丧

安全基石能够引导人们走出困境和一些痛苦情绪。俗话说："有人分担，忧愁减半。"忧愁、恐惧和失落……如果任由这些情绪积压于内心而无处消解，其所产生的困扰会与日俱增。当失丧或纽带关系断开产生痛苦时，沟通有助于缓解焦虑和忧愁，有助于顺利走出悲伤曲线。就像保护者给予攀岩者的保护，每次跌落后，保护者总是鼓励攀岩者重新回到岩壁，继续攀爬。潜能型领导者也会引导他人将"心灵之眼"聚焦于积极的方向，使他们走出悲伤曲线，告别焦虑与绝望，重燃生活希望。

因此，为了帮助人们走出悲伤曲线，你必须确信你们之间已经建立了稳固的纽带关系，也就是说你已经成为他人的安全基石。否则，你的帮助和善意将会被误认为是一种侵扰。你的介入，无论在心理上还是生理上，都应该让人感到舒适。沟通也应当用私人时间，在私密空间进行。

沟通过程中，可以尝试如下小技巧。

- 尊重他人内心的痛苦，鼓励其表达情绪。
- 面对呼天抢地的宣泄，要以平常心对待。眼泪是人体释放负面物质的自然反应，哭泣是化解悲伤的健康表达。
- 耐心倾听。有时候，人们只希望有个倾听者。
- 我们应该抱有同理心和同情心，体会认知他人的感受。
- 在别人处在悲伤曲线中时，不要轻易给出解决方案或催促对方尽快进入下一个阶段。记住，要合理发问，而不是越俎代庖。

—— 化解悲伤，推动变革 ——

带着锐意进取的决心和变革转型的愿景，新任首席执行官走马上任。上任伊始，他提出全新的发展策略，改变企业的管理架构，启用开放式办公环境，裁撤效能低下的业务部门并引入全新的商业智能系统，这些措施在他之前供职过的企业效果良好。他对新企业做的这一切感到满意。

然而，几个月后，一系列难题摆在他面前。在某些细分市场，相关部门压根没有执行全新的发展策略，员工参与度降至企业成立以来的最低水平，并出现大规模的辞职离岗现象。此外，在企业高层，围绕企业未来发展等问题，他与其他几位核心成员发生了重大分歧。究竟发生了什么？

答案是"悲伤"，因失丧而造成的悲伤。在企业推行变革时，如果你遇到了阻力，源头很有可能是因失丧而产生的某种形式的实际悲伤或预期悲伤。在企业里，虽然"悲伤"一词鲜有人提及，但它实际上是最常见却又最容易被忽视的现象之一。在企业中，与"悲伤"具有类似含义但却为人所熟知的词语还有"损失""焦虑""失望"。企业中因失丧而造成的悲伤可能会在下列一些场景中出现。

- 深受爱戴的首席执行官卸任后，新任却因无法获得员工信任而焦头烂额。
- 由于未获晋升，一位很有潜力的员工消极怠工，最后辞职。
- 被竞争企业收购10年后，员工们依然用"我们"和"他们"来谈论企业事务。
- 在离职面谈时，员工对于3年前被剥夺私人办公室表示不满。
- 外派经理被调离他和家人熟悉和喜爱的国度。
- 由于没有拿下某一重要合同，曾经业绩卓越的销售人员失去了内驱力。
- 经历婚变后，曾经的业务骨干失去了工作激情。

无论是诸如升职加薪这样的积极因素，还是降职减薪这样的消极因素，因为曾经的状态发生了变化，都可能带来阵痛，这也会极大地影响工作效率和工作表现。[10]令许多人感到惊讶的是，职场上的重大获益也必须用悲伤化解失丧，即便是暂时性的。比如：

- 晋升后，不得不与曾经并肩作战的老同事告别。
- 企业步入正轨，进入上升期后，逐渐失去了初创期锐意进取的干劲和永不服输的韧劲。
- 在完成某一重大项目后，失去紧迫感。

第四章 迎接改变：走出悲伤

- 取得暂时的辉煌成就后，可能产生骄傲自满的情绪。
- 企业引进新的电脑系统提升效率后，熟悉的工作流程退出历史舞台。
- 公司更换了现代人体工程学工位后，舒适的传统型座椅被淘汰。

作为领导者，当你将全新的理念和做法引入企业时，对所有恋旧的员工而言，你是要求他们自行断开原来的纽带并寻找新的依恋关系。在这一过程中，意味着与过去分离，悲伤就是自然而然的反应。问题在于许多企业试图跳过，甚至抹去悲伤阶段，直接要求员工与新人员、项目、战略或办公室布局建立纽带关系。强行进行变革，不重视员工的情绪反应，这会使员工始终陷于失丧导致的悲伤中，而无法以全新的姿态，与全新的目标和人建立纽带关系。

在企业中，悲伤在不同的阶段会有不同的表现形式。

- 人们会通过忽视上级要求、规避新政策或继续沿用老政策，来表示抗拒。
- 员工可能通过抗拒企业变革来表达愤怒，冲突很可能直接出现。
- 员工可能通过谈判或威胁辞职来表达恐惧。你会看到某些员工的无助、绝望、苦痛、玩世不恭、冷漠和得过且过，这会导致员工的责任心、热情、内驱力大幅下降。

简单来说，作为领导者，当你发现员工惊慌、抗拒、气愤、悲伤或恐惧焦虑时，你就应该思考，这些情绪的源头是否来自失丧和悲伤。

蒂里曾是瑞士航空公司的飞行员，他向我们讲述了公司破产的故事。

我记得那是"9·11"袭击发生当天。我正驾驶瑞士航空公司的民航客机飞往巴西。根据工作安排，飞机抵达圣保罗后，将继续飞往布宜诺斯艾利斯。其间，下一航段的机组成员进入客舱进行调试。乘务长走过来与我寒暄,她说:"袭击事件将影响瑞士航空公司。公司破产只是时间问题。"后续发展表明乘务长的预测是正确的。实际上,"9·11袭击"发生前,瑞士航空公司的财务问题已持续数月。

即使许多人预测到了瑞士航空公司破产的结局,但无论是公司员工还是乘客,听到消息后仍感震惊。对于我们而言,瑞士航空公司像个大家庭。作为一个长期以来值得信赖的安全基石,它的消失使我们五味杂陈。我们本能地抗拒,不愿相信这一结局。我还记得,听到这一消息时,许多员工陷入极度的悲伤,始终无法走出来。

我们的乘客来自世界各地,是他们成就了瑞士航空公司的辉煌。对于他们而言,瑞士航空公司是一个时代标杆,是代表瑞士服务业高品质的品牌。

对于瑞士政府而言,瑞士航空公司的破产是一个重大的经济和政治事件。金融界和政坛要员多次商议后,瑞士政府决定发放贷款,重组资产,确保公司能够继续为乘客提供服务。

公司重组期间,广大员工并未得到管理层的必要保护。此外,由于规模远不如前,一些员工将会离职。由于离职流程过于烦琐,一些飞行员虽然被告知了离职时间,但仍在离职时间过了之后继续执行飞行任务。我虽然幸运地留了下来,但感觉一些东西已经完全遭到破坏。

公司不得体的行为给全体员工留下了沉重的伤痛,就像是一个永无尽头的梦魇。现在回想起来,我仍然感到悲伤和愤慨。公司高层里的一些伪君子为了一己之私,不顾公司死活。准确地说,瑞士航空公司破产的受害者是员工和国家,而他们却仍堂而皇之地继续留任。

> **错误观念:面对变化,人们会本能地抗拒。**

这一观念是错误的。人类大脑蕴藏着好奇、探索、学习和寻求改变的潜能。实际上，大脑无时无刻不在生成新的神经元。人们真正抗拒的是变化所带来的痛苦，以及对未知的恐惧。"

那么，作为潜能型领导者，如何用纽带循环和悲伤曲线的知识实现改变呢？以下是一些具体办法。

化解悲伤

记住，变革过程带来的悲伤属于自然情绪，要学会面对和化解。即使人们因失丧而表现不正常，作为领导者，也一定要提醒自己，这些行为都是正常的，即便你不愿意看到。化解悲伤，可以避免被人类的本能反应和行为捆住手脚。此外，通过运用失丧、悲伤和纽带循环的相关规律，你会积极主导变革，而不是被变革的阻力主导。

容忍情绪化

工作中，"悲伤"鲜被提及，因为它是对失丧的一种非理性情感表达。许多领导者忽视了对追随者的人文关怀。由于无法充分接纳每个个体，就无法容忍他们的个人情绪。一个人在没有充分感受和发泄自己的愤怒时，是很难宽恕和接纳别人的。然而，实际情况却是，传统变革计划倾向于完全理性地推进实施，忽视了悲伤为个人带来的情绪反应。作为潜能型领导者，在倡导变革时，要为人们表达情绪营造安全氛围，这样会减少变革的阻力。耐心了解人们对变革的感受，分享自己的感受，并分享变革是如何影响自己的，不要因为人们暂时的情绪表达而给予惩罚。一定记住，不要过度纠结人们当下的情绪波动，要着眼于每个个体所蕴藏的强大潜能。

体会他人的悲伤，并积极引导

你可以开门见山地说"我知道，你十分想念曾经的团队领导。我也能想象，适应新系统必须克服困难"，这会让对方知道，他的悲伤你也感同身受。随后，你可以积极引导，让他看到悲伤背后的益处，"团队新领导者拥有广泛的人脉，能够为团队未来发展注入全新活力。新系统能替你分担一些常规性的工作，这样你就不需要把下载数据导入表格了"。这种沟通方式能获得许多情感共鸣。如果彼此能建立纽带关系，效果会更明显。要让人们看到你真良善的一面，这样，就像镜面反射，别人在遭受失丧时将以你为标杆和榜样。

循序渐进

意想不到的是，加快推进悲伤过程的最佳方式是放慢节奏，循序渐进。实际上，不可能专门安排一小时的会议："好，让我们在这一小时里充分表达情绪。"然后希望所有问题全部解决。人们充分表达失丧后的感受需要时间，不可能像议程那样预先规划。压制情绪表达会造成纽带循环短路。加速纽带循环进程或跳过其中的某一阶段，或许能取得短期效果，但最终会意识到，人们仍然原地踏步，之前未能解决的问题还会暴雷。

仪式感

作为美国数字设备公司（DEC）欧洲管理团队的一员，苏珊曾亲身经历通过仪式感能较快地走出悲伤。当康柏决定以96亿美元的价格收购美国数字设备公司时，位于欧洲总部的管理层为员工们举办了盛大庆祝仪式，组织员工向曾经挥洒过汗水，曾经无比热爱的公司做最后告别。员工可以到不同的房间参加形式多样、内容丰富的告别活动：有的房间变成了临时影音室，播放公司过往发展的点滴和辉煌成就；有的房间变成了临时咖啡馆，员工可以坐下来，追忆过往的酸甜苦辣；还有一个房间里，由员工组成的乐队正在演奏摇滚乐，大家随着音乐起舞。这样，员工们从一个房间窜到另一个房间，哭着笑着，跳着闹着，表达和分享着各自的情感。在充满仪式感的氛围中，员工们对公司进行了一场充满特殊意义的告别。

世界上的一些文化习俗里，为了表达对死亡的哀悼，人们会进行各种仪式。这些仪式帮助人们面对而不是回避死亡，引导人们走完悲伤曲线。同理，在企业中，你也可以使用仪式来面对各种分离和失丧。可以考虑如下几种。

- 请即将离职的团队成员发表告别演说。
- 组织聚会，回忆过往。
- 项目完成后，成员们共同打扫、清理使用过的房间。
- 当公司被收购导致更名时，让员工表达他们的失望，甚至不满。

任何能让人们充分表达纽带断开后各种情绪的活动，都可以视为"仪式"。当然，气氛尴尬的欢送活动或完全忽视负面情绪，逼迫人们乐观积极的行为，都不会化解因失丧造成的悲伤。研究显示，情绪表达能够降低杏仁核的冲动指数（详见第二章），让人保持镇静。[11]

> **何时走出悲伤？**
>
> 作为潜能型领导者，推动变革更像是艺术，而不是科学。领导者们总是向我们询问，如何在表达悲伤与阐释变革益处之间找到平衡点。

如何把握转化时机？以下这些问题和答案可能会帮助你。

我何时才能更在乎变革的益处，而不是一味宣泄悲伤情绪？

如果有一个推动前进的目标或能感受到获益，人们便能比较容易地走出悲伤。换句话说，你需要向人们澄清变革的底层逻辑。过度关注因失丧而造成的悲伤，很容易让企业忘记推动变革的原因，也会拖累团队士气。因此，你应该尽早提出全新目标，但也不要指望人们很快就能与目标建立依恋关系。

悲伤会持续多久？

从重大失丧的悲伤中走出来可能需要数年，普通失丧也可能需要几天或数月。在推动变革的某一节点，你必须决定要向前继续推进。你可以这样说："好了，我们之前进行过几次沟通交流，是时候让整个组织和团队向新目标前进了。"结合实际情况，为每一人设定行为边界，鼓励其不断前进，这是潜能型领导者的本职工作。

如何知道做好前进的准备了？

当你能坦诚地面对变革的阻力，当人们知道你能感受到变革为他们带来的痛苦时，这时候就可以引领变革向前进了。你会感觉到人们的思维和心态都有了积极的改观。

我们要表达的是，悲伤有时，变革向前亦有时。如果你能真正践行"自强不息"的信念，你便能知晓引领变革向前进的正确时间点。

共同前进

以恰当的方式让人们表达悲伤时，要注意"恰到好处"，不要让人们因为表达悲伤而产生受害者心理或沦为牢骚满腹的抱怨者。领导者既要允许他们表达情绪，更要鼓励他们积极前进。在商业领域，领导者常犯的一个错误是，没有意识到自己总是较快地走出悲伤曲线。完成悲伤过程的他们率先制订应对计划，然后宣布变革计划。可是，这时人们才刚刚进入悲伤曲线。这种在变革推进过程中存在的情感滞后会让大家产生挫败感和愤怒。

在企业中，不同的人和部门会以不同的速率度过悲伤阶段。通常而言，变革发起者和高层管理人员总会比其他人更快。因此，当某些你认为几个月前就已解决的问题再次出现时，不要惊讶，因为有些人可能刚刚体会到失丧带来的悲伤。

正确认知和应对悲伤，能切实提高团队成员的热情和忠诚。让我们看看下面这个故事。

一天，詹姆斯的一位下属慌慌张张地走进办公室请假，母亲重病住院，她需要去照看，所以要缺席一个非常重要的会议。詹姆斯当即同意，并向她表示，多陪陪母亲，不用着急回来。几天后，下属重回工作岗位时，告诉詹姆斯，母亲让她代自己向詹姆斯表示诚挚的谢意。从此，这位下属工作更加投入。通过这件事，詹姆斯意识到，对于企业发展而言，给下属时间陪伴母亲比担心她工作效率低下，浪费时间更有价值。他体会到了"己欲立而立人，己欲达而达人"的深刻含义。

── 潜能领导力 ──
两大特质有助于推进变革

因变革而造成失丧的关键时期，人们是需要潜能型领导者的，这一点毋庸置疑。他们需要领导者给予"关心关爱"，引导他们走出悲伤，重燃勇敢奋激、积极向前的信心。他们需要你维系好纽带并鼓励他们不断成长，即便（特别是）在他们心生抗拒时。实际上，这意味着你能耐心倾听他们的担忧和观点。同时，你还需要传递能量信息，帮助他们打消抗拒心理，保持对未来各种可能的开放态度。潜能领导力九大特质中，"耐心聆听，细致查问""传递能量信息"这两大特质对推进变革非常重要。

特质 4：耐心聆听、细致查问

在我们的调查研究中，领导者们经常使用下面这些表述来形容潜能型领导者是如何耐心聆听、细致查问的。

"不是直接告诉他人如何去做……而是积极引导他人提出适当的问题，并自主思考得出结论。"

"她耐心倾听，对我的感受表示理解接纳。她实际上没有说任何话。"

"通过提出尖锐的问题，制定标准和规矩，然后贯彻执行。"

"她从不告诉我如何思考或感知，只针对我的想法、感受和思考提出问题。"

"实际上，她大部分时间都在耐心倾听，从不随意给出评价或者具有判断属性的评估内容。"

潜能型领导者喜欢耐心聆听和细致查问，而不是喋喋不休地宣讲自己的观点。唯有如此，领导者才能参与到深度沟通中来，我们将在第八章具体阐释。

记住，倾诉是人类的基本需求之一。耐心聆听并不意味着你需要对他人的所有观点表示认同。你只需要倾听，并让他们知道你正在倾听。通常，倾听很容易做到，你只需要保持沉默，让我们看看下面这个故事。

在某次会议上，同事的态度令安妮恼怒。她打电话给自己作为安全基石的朋友宣泄。电话那头，朋友一直安静地倾听。当安妮问他是否还在听时，他回答道："你是否想听听我的看法？"对于他冷静的回应，安妮始料未及，她表示："当然。"他说："我刚才一直在听你说。现在，既然你准备好听我说，我很乐意将我的看法与你分享。"这一回应使安妮不再喋喋不休地抱怨，并且开始调整情绪。实际上，安妮期待他对自己所抱怨的内容无条件地认同。然而，他只是耐心聆听，然后通过有力发问帮助安妮从不同的角度看待自己所遭遇的事情。

许多重大研究都支持"勇于发问"这一方式。[12]回顾数十年来流行的领导力模式，其基本理念皆驳斥了这样一个错误观点：领导者的职责是直接告诉人们应该做什么。实际上，许多研究人员表示，领导者最应该通过有力发问指引追随者，引导他们自主思考、提出想法并最终得出解决方案。

这一方式能够真正让你解脱。与其强行将自己武装成"百科全书"式人才，不如通过细致查问，引导他人自己找寻答案。实际上，通过提问，就可以帮人们找到答案和激发他们的潜能。

阿德里安娜曾遇见一个向其索贿的供应商。面对这一情况，同事提出了一系列开放式问题，引导并帮助她找到应对之法，没有直接给出看法或解决方案。同事提出的问题包括：

"你能否告诉我具体情况？"

"你想如何应对这一情况？"

"公司明文规定禁止员工贿赂。你认为应该如何与这位供应商打交道？"

"你想得到什么样的结果？"

在平衡"关心关爱"——提供必要帮助和"勇敢奋激"——引导

承担必要风险方面，同事做得很好。虽然同事可以直接提供帮助，甚至参与和供应商沟通，但仍然让阿德里安娜自主做出选择。维系"关心关爱"与"勇敢奋激"的平衡，最终帮助阿德里安娜妥善应对眼前难题，同事没有越俎代庖，直接将自己的观念或解决方案强加给他人，而是持续不断地提出问题。时至今日，阿德里安娜从这件事中学到的道理以及同事对她的充分信任，仍然没有忘记。

评估你的潜能领导力行为

在1到5（"1"代表从不，"5"代表经常）的范围内对以下行为打分：

- 积极倾听。
- 提出开放式问题。
- 在引导他人得出结论之前，持续不断地提出问题。

如果上述某行为分值低于3，你应该优先培养"耐心聆听、细致查问"这一特质（详见第八章"成为他人的安全基石"）。

培养"耐心聆听、细致查问"这一特质的小技巧

（1）**练习积极倾听**。留意某人说话时的肢体语言、语调以及用词的真实含义。练习积极倾听、反思式倾听、总结概括、移情式聆听等方法，不断提升倾听水平。[13]

（2）**提出开放式问题**。那些让人思考和带来启发的问题不能用简单的"是"或"不是"来回答。比如，与其问"客户是否追加了维修合同的费用"，不如问"在增值服务方面，你与客户进行了哪些沟通"。再比如，与其问"你是否对政策修订带来的影响感到担忧"，不如问"政策修订对你产生了哪些影响"。

当你承受压力、面临风险时，你或许认为直接下达指令，告知人们要做什么更简单易行，也更有必要。但是经验发现，相较于指令，提问更有力量。我们的研究也支持这一结论。

（3）**掌握停顿和沉默的力量**。提出问题时，应给予人们充足的空间和时间进行思考和回应。这一技巧非常重要，尤其是在变革期间，人们对全新的理念和做法既不了解，也没有形成成熟看法的时候。

（4）**注意客观环境**。当话题敏感或涉及私密性时，要注意自己的位置及合理安排座位。尽量避免在你和他人之间出现不必要的桌子或讲台等阻隔物。

特质5：传递能量信息

在我们的调查研究中，领导者们经常使用下面这些表述来形容潜能型领导者是如何传递能量信息的。

"我坚信，你目前的方向是正确的。"

"他在便笺上写下'我坚信，你目前的方向是正确的'的。虽然只有寥寥几个字，但对我意义巨大。时至今日，我仍保留着这一便笺。"

"天无绝人之路，你总是有的选。"

"她告诉我'天无绝人之路，你总是有的选。'当我感到无助和手足无措时，她的话给予我极大的慰藉，并使我勇敢奋激，走出阴霾。"

"即使离开，也要带着体面。"

"我与领导产生了分歧，这使我沮丧不已并决意离开。负责人事的同事告诉我'**即使离开，也要带着体面**'。他的话令我印象深刻，我友善并专业地完成了工作交接。"

"坚持下去。"

"因某一项目的拖延感到沮丧，我产生了放弃的念头。我的安全基石告诉我'坚持下去'。我硬着头皮坚持了下去，最终结果对我和公司都产生了积极意义。"

当你读到我们从调查研究中摘出来的上述话语时，你或许能意识到，无论是几年还是几十年，人们总能记住"安全基石"所表述的具体词句。人们并不记得杂乱无章的大段话语，却对在合适时间节点传递的短小精悍的话语铭记在心。我们将这些字句称为"靶心交流"，因为它们能精准地为当事人注入巨大能量并带来影响力。作为本书作者，我们仍能回想起经历过的"靶心交流"。

丹对乔治说："但是乔治……我知道你可以的。"

苏珊的外祖父告诉苏珊："块头越大，摔得越狠。"

邓肯的精神导师告诉邓肯："每一种行为，要么是爱的行为，要么是召唤爱的行为。无论是哪一种，爱是唯一的回应。"

一句有力量的话能够改变谈话、谈判甚至人生的走向。语言杀人于无形，也能救人于水火；能让人怯懦自卑，也能让人勇敢激奋。每一句话、每一个手势都蕴含力量。影响他人，跟所花费的时间长短没有关系。10秒钟的"靶心交流"可能比10年的平庸领导更有力。有时候，只需一句话，你便能给人们带来希望和阳光。让我们看看下面这个故事。

27岁的卡尔刚到新公司上班，比自己顶头上司还高两级的管理人员来到卡尔跟前说："总有一天，你会做到我这个位置。"对刚入职的卡尔而言，这位管理人员的话很难变成现实，因为两人的职业级别差距太大。但是，这句话语还是深深地印入卡尔的脑海。"至少我有机会，有希望。"卡尔想。

高压环境下，传递清晰且强有力的信息尤为重要。例如，攀岩者和保护者会进行如下经典的对话。

攀岩者准备攀爬时，会问："保护就绪？"
保护者做好保护时，回应："保护就绪。"
攀岩者会再次确认："可以攀爬吗？"
保护者再次回应："可以攀爬，保护就绪。"

同样，船员们也会用专门语言表述"戗风调向"。"戗风调向"是海上航行的一种技巧，指的是调整船头方向，把逆风转变成侧斜风，推动船只呈"之"字形前行。

船长宣布："戗风调向。"
船员进入预定操作位置，做好准备后会回复："准备完毕。"
船长便会根据船与风的方位关系说"下风满舵"或者"换弦"，然后调整船的航向。

供职于某知名医药公司的史蒂芬是一名航海发烧友，他将航海中的相关理念运用于团队建设，并取得了积极成效。

对产品研发团队的表现，史蒂芬感到沮丧。他给予成员非常详实的指令，但他们研发的产品总是无法达到要求。某个周末，作为船长的他带领船员们出海。使用标准化口令，听到船员们标准化的回复，然后按照标准化指令行事……他发现航行过程井然有序。"我的团队是否也能以这种方式运行呢？"他想。带着这一疑问，史蒂芬对团队的运行方式进行了细致调研，之后发现产品研发团队表现不佳的原因在于自己：他的指令太复杂了，并且也没有询问成员是否充分理解。于是，他对冗长的指令内容进行精简，并要求成员复述其听到的指令。通过这一转变，团队的执行力最终达到预期。史蒂芬也意识到，只有让员工真正理解指令内容，才能让他们承担更大的责任。

是的，强有力的信息就像驱散变革迷雾的信号灯。当周围充斥着恐慌、不确定性和质疑时，短小精悍、鼓舞人心的信息能够为人们指明方向。它能够斩断负面情绪造成的层层枷锁，引导"心灵之眼"聚焦于积极方向。

评估你的潜能领导力行为

在 1 到 5（"1"代表从不，"5"代表经常）的范围内对以下行为打分：
- 传递强有力且令人印象深刻的信息。
- 简洁明了地表达。
- 运用非语言信号和手势来强化你所传递的信息。

如果上述某行为分值低于 3，你应该优先培养"传递能量信息"这一特质（详见第八章"成为他人的安全基石"）。

培养"传递能量信息"的小技巧

（1）**像重视语言一样重视非语言信号。**练习说话的语调和肢体语言。将正确的语言表达与适宜的姿态和手势相结合，强化所传递信息的影响力。

（2）**注意把握时机。**即兴发言的能量有时等同于精心准备的演讲。因此，留意即兴表达时机，抓住"靶心交流"的宝贵机会。

（3）**简洁明了、语速适中地传递能量信息。**引导他人的"心灵之眼"时，一定要记住"四两拨千斤"的道理。

（4）**撰写能量信息。**在便利贴或卡片上写下几个精心挑选的词，这可能会成为你的安全基石。

（5）准备一本收录短小精悍、强有力信息的记事本。无论是过往经历中还是日常工作生活中所读所听的，你都能发现一些好词好句。将它们记录在记事本里，时常翻看，组成你在与别人沟通交流过程中能够使用的词句"组合拳"。

学习重点

- 悲伤是一种自然发生的情感，它普遍且广泛地存在于我们日常生活中。无论是个人还是组织，都需要用悲伤来化解失丧。
- 悲伤有社会化特征，个人不能孤立地面对。
- 悲伤是变革的一部分。失丧会带来悲伤。
- 推进变革时，要给予人们充足的空间和时间走完悲伤曲线。
- 当人们能够表达宽恕和感激之时，就意味着已走出悲伤曲线。
- 推进变革的过程中，仪式感是重要的组成部分。
- 宽恕需要迈过自己内心的沟沟坎坎，以全新的姿态继续前进。
- 潜能型领导者的本职工作是通过耐心聆听、细致查问探究事物真相。
- 要想高效推进变革，积极倾听至关重要。
- 你所说的话承载着力量。仔细思考，你是如何通过传递能量信息引导他人将"心灵之眼"聚焦于积极方向的。

常见问题

问题：为什么人们不能直接接受并克服艰难险阻来实现变革？为

什么要经历悲伤过程?

　　回答:员工是有感情的人,纽带关系是一种自然形成的现象。变革必然会导致纽带断开,继而带来痛苦,因此悲伤是无法避免的。当人们在意某样东西时,失去即造成痛苦。当你将悲伤视为自然情感而不是问题时,你便能通过它带领团队。

　　问题:我无法保持"耐心聆听"的状态。有时候不得不直接告诉人们应该做什么,这是对的吗?

　　回答:我们表达的意思是,"耐心聆听"是潜能型领导者的领导风格,并不意味着必须这样做。在实际工作中,有时候分享你的看法并直接付诸实施更有帮助。但根据我们的调查研究,尽量不要将直接告知转化为你的本能反应。

　　问题:成为领导者,是否还需要成为心理学家?

　　回答:不用。但对于诸如纽带关系、失丧、悲伤等心理过程要有所了解。知晓这些只需保持敏感,不需要获得心理学学位,只需你在领导风格中加入一些人性关怀。

第五章

聚焦：让"心灵之眼"迸发力量

> 我可以拿走人们的任何东西，但有一样东西不行，就是选择生活态度和生活道路的自由，这是人类最后的自由。
>
> **维克托·弗兰克尔** | 精神病学家
> （1905—1997）

兰迪·鲍什是美国卡内基梅隆大学计算机科学、人机交互及设计学教授。2007年9月18日，他发表了《最后的演讲：真正实现你童年梦想》的演讲。[1] 兰迪向400名现场观众表示，由于癌细胞已转移至肝脏及脾脏，自己只能再活3至6个月。与心中女神结婚并育有3个孩子的兰迪，那年47岁。

当时，一个有意义的倡议活动吸引了包括兰迪·鲍什在内的多名顶尖学者的加入。他们被要求回答"如果这是你最后一次演讲，你想与世人分享什么"，然后以此为主题向公众发表演说。

兰迪在演说时，并没有因为自己的遭遇而抱怨命运的不公，而是将视角放在积极方向。兰迪回顾了自己实现7个童年梦想的点点滴滴，阐释了在人生道路上克服艰难，阔步向前的重要性，真诚分享了鼓舞人心的人生智慧。兰迪说，在人生早期阶段，你就必须决定自己是要当"跳跳虎"还是"屹耳驴"——作为小熊维尼的两个朋友，一个乐观，一个悲观。[2] 兰迪表示："我的体会是，如果你是一个积极乐观、永不言弃的人，人们都乐意对你施以援手，这样一切都会变得容易起来。"发表演讲后不久，兰迪参加了由奥普拉·温弗瑞的电视脱口秀。兰迪将人生看作10%的白色、10%的黑色和80%的灰色。他说："可以把人生80%的灰色看成不同程度的黑色，因此认为人生太糟糕了；也可以把80%的灰色看成不同程度的白色，因此认为人生是美好的。人生有黑有白，并不是非黑即白，这就是我眼中的人生。人生是一个自证的过程，80%的灰色最终成为白色还是黑色，很大程度上取决于你的认知和选择。如果你希望由灰变白、白多黑少，你将获得自己无法想象的力量。"

当提及如何渡过难关时，兰迪比喻道："万物所生，皆有其用。比如砖墙，它不是将我们拒之门外的，而是让我们对墙内的东西充满渴望。"兰迪说，他童年立下了成为迪士尼幻想工程师的愿望。20多年来，他将"砖墙"的比喻铭记在心，最终如愿以偿。

回忆起童年时代国家精神对自己的激励，兰迪说："我出生于20世纪60年代。一个八九岁的孩子坐在电视机前，看见人类成功登月，从此我就认为'一切皆有可能'。我们应该有这样的认识——榜样和梦想的力量是是巨大的。"兰迪就是这样付出努力并实现了自己的7个童年梦想。

兰迪的演讲引发世界性反响，在网上超过400万人收看。后来，兰迪与杰弗里·扎斯洛共同梳理之前的演讲实录，合著了《最后的演讲》一书，并登上《纽约时报》畅销榜。2008年5月，兰迪被《时代周刊》评为"全球100位最具影响力的人物之一"。

2008年7月25日，在妻子和孩子的陪伴下，兰迪于弗吉尼亚州切萨皮克市的家中离世。

临终时，兰迪说："活着不是躺在临终的病床上对曾经做过的事感到后悔，而要为那些还未尝试的美好事物感到遗憾。找寻并追随你的激情吧！它源自那些使你由内而外迸发力量的事情，根植于你与人们建立的关系，反映在离世时人们对你的印象和看法上。"

在兰迪的演讲中，这句话或许是最令人动容的。"每当看到身边的健康人士愁眉不展地虚度光阴，我总感到疑惑与不解。"他继续说，"看看我吧，看看这个将死之人。当下的生活让我体验到充分的乐趣。在所剩无几的日子里，我的每一天都将与快乐同行。"

得知自己将因不治之症英年早逝的兰迪，可以像很多人一样咒骂人生，自暴自弃。然而，他却选择奋发向上，分享自己经历的一切，激励他人找寻生活的乐趣和人生的幸福。他用不一样的视角来定义人生中的最后几个星期：留下平凡但不平庸的人生遗志。他将潜能领导力发挥到了极致：一方面，以"关心关爱"的方式告诉孩子们自己的父亲是怎样的一个人；另一方面，以"勇敢奋激"的方式坦诚地向公众谈及自己对死亡的认识。他将对人生的乐观态度转化为一股鼓舞人心的精神力量，影响着全球数百万人，他是引导人们积极面对人生的精神楷模。

面对病痛和困难，保持积极乐观的心态，兰迪的这一力量来自"心灵之眼"。作为大脑思维的一部分，心灵之眼负责塑造人们看待世界的方式，并聚焦关注的方向。因此，心灵之眼能引导你分析生命中所遇到的事情、经历、挑战和机遇。我们无法掌控事情的发生，但可以选择如何回应。就像威廉·欧内斯特·亨利写的："我，是我命运的主宰；我，是我灵魂的统帅。"作为命运的主宰，你所做出的抉择取决于心灵之眼的方向。

爱因斯坦说，如果这个世界上真的有最重要的科学问题，那就是"宇宙是残酷邪恶的还是亲和友善的"。就像兰迪那样，对于这一问题，你每天都可以做出自己的选择。心灵之眼就像手电筒，引导你把注意力放在前方。你可以选择失望、痛苦、失丧或生命中其他的消极面，也可以选择成效、收获或生命中其他的积极面。

心灵之眼的方向决定着你在工作和生活中取得的成就。有着卓越表现的人总是聚焦在目标而不是痛苦、焦虑或不安上。这将使人迸发出鼓舞人心的力量，使他们有足够的自信来承担发挥潜能时所附带的必要风险。例如，马拉松运动员专注于到达比赛终点时能获得的成就和荣誉，而不是付出的汗水和伤痛，他便能取得成功。否则，他的身心会向伤痛屈服，并停止前进。

作为潜能型领导者，积极引导人们的心灵之眼是重要的职责之一。你过往的安全基石不断塑造你的心灵之眼，并且通过建立纽带关系，帮助你学会"关心关爱"，继而"勇敢奋激"。在期望、梦想和志向背后，给予你积极和消极影响的人物、地点、目标和经历，共同决定着你的性格、禀赋、信念和价值观，使你成为独一无二的个体。认识到这些，你不仅能够使自己取得更大的成就，也能引导他人承担必要风险，并更具创造力，追求更大挑战。

如果建立纽带关系是领导力的"心脏"，那么心灵之眼便是领导力的"大脑"。潜能型领导者能够积极引导他人的心灵之眼聚焦于最终的结果，并以此打开可能性的大门，从而迸发出巨大的潜能。

这就是潜能型领导者为什么要将心灵之眼训练得像肌肉记忆一样。这也是潜能型领导者为什么需要主动引导他人的心灵之眼，并最终取得卓越成就。

玻璃杯是半空还是半满

你认为心灵之眼的本能是追寻危险、痛苦等负面情形——杯子半空，还是追寻满足、喜悦等积极情形——杯子半满？

给自己一点时间，仔细思考并做出选择：我们的大脑是倾向于积极面还是消极面？

正确答案是，大脑本质上更倾向于追寻危险、痛苦等负面情形。为什么呢？我们的大脑肩负着一项压倒一切的任务：生存。生存的先决条件便是意识到潜在危险或威胁的存在，只有这样才能及时规避。这就是为什么我们的大脑拥有早期预警系统，它像雷达一样时刻搜寻着可能产生问题的地方。[3]

如果人们最基本的内驱力是留意和规避危险以及可能伤害我们的事物以让自己生存，那么为什么没有成为妄想症患者呢？其实，有些人就是如此，他们对于任何东西，在任何地点和时间都表现出过分的担忧。他们的心灵之眼总是聚焦于消极面，也就是只盯着杯中半空的部分。他们始终焦虑和紧张，对身边的人也总是采取防御性姿态。就像图 5-1 所示，他们的目标就是"谨小慎微，自甘平庸"。他们一生都在规避风险，压制潜能。

安全基石理论的基本原则是，通过与某人或某物建立纽带关系，获得某种程度的安全感，继而关闭大脑对危险的搜寻。当我们感到安全时，便能开启强有力的探索意识，创造力也会随之迸发。当我们把注意力投向未来的各种可能性时，就完成了从"关心关爱"到"勇敢奋激"的转换。这样，安全基石才能给人们带来巨大益处。对此，本章将具体阐述。下面故事中的主人公乔伊合理应对压力，取得了更好的成果，并且带来了更多的正能量。

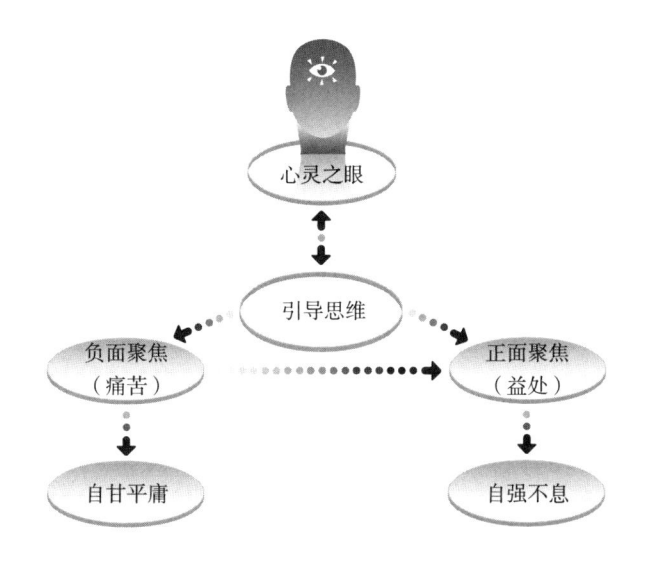

图 5-1 心灵之眼导向（1）

乔伊经常提及祖母对自己的影响。生活在战争年代的祖母，虽然先后痛失丈夫、妹妹和父母，但仍对生活保持积极乐观的态度。乔伊小时候有一天在厨房餐桌上制作飞机模型，烦琐的工序和漫长的制作过程让他沮丧和焦虑。祖母走过来安慰他，让他保持耐心，要多想一想飞机模型完成后是多么漂亮。乔伊说，祖母总是引导他去想事物的积极面，并在当下抓住任何有利的机会。祖母还喜欢谈论祖父，分享他们那个年代的故事。这让乔伊感到与素未谋面的祖父产生了纽带关系。祖母是真正意义上的安全基石，她总是对自己所拥有的一切心怀感恩，从不因失去任何东西产生怨恨。祖母对乔伊的重要影响，使其日后成为家人和员工的安全基石。

安全基石是如何影响心灵之眼的

事实上，现实世界积极因素和消极因素并存，如何看待世界取决于心灵之眼聚焦何处。人物、事情和经历，这些安全基石正是通过心灵之眼塑造和影响了我们，特别是在很大程度上影响了我们的思维方式。当我们的思维方式固化成观念，我们便根据这些观念做出抉择。

生活中，每个人都会遇到好的和不好的人，比如领导、教师、医生、同事、朋友，他们中的一些人能成为安全基石，引导人们展现自己最优秀的一面，而另一些人却让我们产生了防备心理，甚至变得焦躁好胜。我们并没有否定人们有自我救赎的力量，但不得不承认，安全基石能够帮助我们无论从生活的积极面还是消极面，都能获得能量价值，即便是在痛苦阴霾的笼罩下，安全基石也会引导心灵之眼聚焦于希望上。

问问自己：
- ★ 我以积极还是消极的眼光看待和应对问题？
- ★ 我以什么样的思维方式做出抉择？
- ★ 我如何与自己不喜欢的人建立纽带？
- ★ 如何看待与我发生冲突的人？
- ★ 如何看待工作表现不佳的人？

你采取什么态度应对上述问题，取决于过往所遇到的人究竟是以积极还是消极的方式影响过你。过往体验决定着你的自尊、人格、个性、信念和价值观，并最终塑造了独一无二的你。正如图5-2所示，心灵之眼让过往经历变得有意义，并以此创造未来。

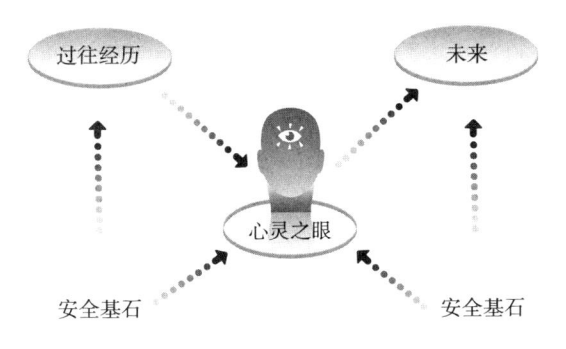

图 5-2　心灵之眼导向（2）

有领导者分享了这样两个故事。

4岁那年，母亲给了简一把成人裁缝剪刀，并教会她安全使用。她惊奇地发现，周边所有朋友和同龄人使用的都是儿童安全剪刀。这一刻，简感受到来自母亲的充分信任和关心支持。母亲帮助她建立了应对成长风险的自信心。

在父亲的协助下，朱莉娅学习骑自行车。多次摇摇晃晃摔倒，朱莉娅擦伤了膝盖，开始哇哇大哭。父亲挥舞着双手向她咆哮："我放弃了，我啥也教不会你！"说完便转身离开。

本该作为安全基石的父亲，既没提供支持，也没让朱莉娅感到安全。父亲与朱莉娅的亲子关系导致她的成长之路始终笼罩在自我怀疑、焦虑以及害怕失败的阴影下，最终只能从事毫无挑战的简单工作。相反，简的母亲给予她足够的"关心关爱"，引导她"勇敢奋激"，使她的成长过程始终充满自信。母亲与简的亲子关系成为她心灵之眼的重要组成部分。长大后，简成为一家大型跨国公司的高级管理人员。试想一下，朱莉娅骑自行车摔倒时，如果父亲关切地说："我知道你一定可以。再试一试，我陪着你。我们一定能做到！"朱莉娅的成长轨迹或许会有所不同。

如果一件小事就能对人的一生造成较大的影响，那么一连串的事情所带来的叠加效应将极大地影响人对自我、他人以及人生意义的认知。如果你也开始回顾过往，并发现童年时代有与朱莉娅类似的遗憾，请不要担心。你不必让过往把你推入"人质劫持事件"的场景中。无论当下还是过往，安全基石会引导你以积极的态度重新审视你所有的经历，这样，所有的消极面都将转向积极面。

如果你对过往经历产生的影响缺乏必要的认知，那么你将通过心灵之眼把记忆投射到未来。你可以用如下两种方式掌控未来：一是了解、掌握过往经历对当下造成的影响，二是选择支持你追求梦想、激励你不断向前的人作为安全基石。虽然孩提时代无法选择身边的人，但成年后的你是可以选择的。第七章将具体阐释如何构建起能够满足你需求、给予你支持的安全基石。

影响他人"心灵之眼"的小技巧

作为潜能型领导者，第一步是培养自己将注意力由消极面转向积极面的能力。这样，你才能看到身边人的潜能和可塑性。

第二步，你要引导他人远离消极负面的情绪，将其心灵之眼投向积极面。这样，人们才能在当前状况下发现转机的可能性以及潜能。你可以通过练习下面这些话培养同理心：

- "听上去，你对某事感到愤怒/焦虑/痛苦。"
- "如果我是你，我或许会有不同的感受。"

然后，通过提问的方式让人们认清现状：

- "当前困境下，你能否找到希望和转机？"
- "此次危机是否孕育着良机？"

困境中，引导心灵之眼尤为重要。你可以引向积极的而非消极的方向。你要提出下列问题，帮助人们从困境中汲取智慧：

- 你从这次失败中吸取了什么教训？
- 下次遇到类似情景，你将会有什么不一样的转变？

必须强调，成功的先决条件是将我们的理想和目标付诸行动，并勇于承担失败的风险。失败乃成功之母。像美国职业冰球得分纪录保持者韦恩·格雷茨基所说："如果我不尝试击球，我百分之百没有得分机会。"

安全基石通过三种方式影响他人的"心灵之眼"：树立标杆、影响他人的自我认知，以及帮助他人提升自控力。

树立标杆

如果你积极向上、乐观开朗，你的人生道路上一定有类似的楷模做你的安全基石，比如你的母亲、父亲、祖父母、兄弟姐妹、教师、上司或其他激励你的人。你的镜像神经元会对长时间与你相伴的人产生同理心。记住，一个心智健康的孩子，不会永远与父母或监护人一起生活。如果父母温文尔雅、自信大方，孩子会更愿意走出去探索世界。如果父母紧张局促，孩子也会焦虑不安，或许会对世界感到恐慌，从而过度依赖父母。

问问自己：

★ 如果我对当下和未来感到消极悲观，是谁导致的？

★ 如果我对当下和未来积极乐观，又是受了谁的激励？

影响他人的自我认知

斯坦福大学心理学教授卡罗尔·德韦克，研究儿童和青少年内驱力与成就之间的关系40余年，形成了一个标志性的见解："相信什么决定了能成就什么。自我认知为我们所能实现的目标设定了界限。"[4]

在德韦克看来，人们的思维模式分为固定型和成长型。固定型思维模式的人谨慎小心，小富即安，不求进取。他们认为，世界是二元对立的，是零和博弈，非黑即白。因此，他们以被动防御型姿态保守地生活。相反，成长型思维模式的人自强不息，敢于胜利，将世界看作交流学习、充满无限潜能和希望的热土。那么，他们会以开放型心态积极主动地生活。

安全基石将他人"心灵之眼"引向成长型思维模式，并远离固定型思维模式。许多时候，安全基石通过改变他人的自我认知来彻底改变他们的观念。另一些时候，安全基石会通过语言传递能量信息；还有些时候，安全基石会通过树立行动标杆影响他人。

优秀的攀岩保护者看到被保护者瞻前顾后，心生退意时，会鼓励他"你一定可以做到"或者"坚持住，就快到了"。当人们自我怀疑时，鼓励和肯定大有裨益。

帮助他人提升自控力

在引导他人的思维聚焦于积极面，并帮助提升自控力水平方面，安全基石发挥着重要作用。自控力源自意志力，关系着如何引导和管理自己的心灵之眼，以便能从痛苦和焦虑中获益。人类天生内嵌一套生存机制，虽然能保障我们从原始时代活到今天，但也在某种程度上阻碍了自我实现和个人成长。每个人都需要通过自我控制，引导心灵之眼从本能的消极面转向积极面。实际上，心理学家罗伊·鲍迈斯特将自控力视为成功的关键因素。[5]

"延迟满足"是安全基石强有力地影响自控力的典型例子。延迟满足指的是人们为了获得最终想要的东西，愿意忍耐和等待的能力，具体说来，就是将心思聚焦于未来的获益，而非当前的痛苦和焦虑。研究结果显示，安全基石会大大提升人们的"延迟满足"能力（详见后文安全基石与棉花糖实验）。通过分散注意力，安全基石能够引导人们避免对焦虑、诱惑和损失的过分在意，而更看重当下或未来的获益。工作中，潜能型领导者经常通过展望未来和提供支持，来践行"延迟满足"理念。让我们看看下面这个故事。

当得知自己未如愿获得晋升时，皮埃尔深陷于失望和灰心丧气的负面情绪中。沮丧的情绪影响了他的工作质效，甚至让他心生退意，离开公司。皮埃尔的上司虽然明确向他传达了"其工作能力未达到晋升要求"这个令人痛苦的信息，但仍然能作为他的安全基石。通过积极引导，他让皮埃尔着眼大局，让他认识到自己对公司非常有价值，并鼓励皮埃尔专注于自己的本职工作。一年后，皮埃尔的表现有了大幅改观，但认识到自己仍没达到晋升要求。又过了6个月，皮埃尔一直兢兢业业，为下一次晋升机会做着准备。后来皮埃尔掌握了许多新的工作技能，终于获得了晋升。

潜能型领导者深知在何时用严格要求来提供关爱。在皮埃尔的故事中，暂时没有达成所望实际上更有利于自身长远的发展。有时候，被残酷的真相扇一巴掌总比被甜蜜的谎言蒙蔽好。

安全基石与棉花糖实验

1972年,斯坦福大学的沃尔特·米歇尔教授做了一个"延迟满足"的标志性实验。研究对象是一组4岁的孩子。每个孩子都被安排在一个独立房间里,桌上摆放着一颗棉花糖。研究人员告诉孩子们,看到棉花糖后,如果耐心等待20分钟再吃掉,就会得到第二颗。想象一下,这对孩子是多么难受与煎熬!然后,研究人员离开,把孩子单独留在房间。有的孩子在房间里玩玩具或者阅读图书,"煎熬"了20分钟,而有的孩子无法抵御眼前的诱惑,没过多久便将棉花糖塞进嘴巴里。研究人员将能够等待20分钟的孩子称为"延迟满足"者,将无法等待的孩子称为"即时享受"者。

此后,研究团队对这些孩子从青春期到成年期的成长过程进行追踪研究。结果显示,那些被称作"延迟满足"者的孩子成年后的各项表现更优异,包括在压力管理以及学术、社会和财务方面的表现。研究人员的结论是:延迟满足的能力与成功是成正比的。[6]在另一个稍加改动的实验中,米歇尔和阿尔伯特·班杜拉在类似的情境下观察一群四年级至五年级的孩子。改动之处是房间里,会有成年人与孩子进行交流沟通。成年人会通过一些方法分散"即时享受"者对于棉花糖的注意力。事后跟踪研究显示,孩子对研究人员教给他们的"延迟"方法一直记忆犹新。这说明孩子们保留了这些延迟绩效,成年人对孩子一次简单的交流,便能将"延迟满足"理念融入孩子的思想里。[7]

—— 状态和心灵之眼 ——

心灵之眼的一个基本特征便是其与状态和结果的关系。状态是人们在某个时刻的感受和身心情况,包括生理机能、态度、情绪、行为和信念。调节自身状态的能力关系你能否实现最终目标。演员、戏剧导演，也是高效领导力顾问的彼得·迈耶斯说：

"个人状态在人际沟通交往中最重要，但也最容易被忽视。你的状态既决定着沟通的质效，也关系你的思维水平。你当下的心理和情绪状况最终决定了你领导下属、建立人际关系、应对身边事情的能力。"[8]

优秀的演员都知道，你可以改变某一时刻的状态。我们也要用心灵之眼调节或积极或消极的态度。

试想，如果你为了参加某个重要会议着急赶飞机，却发现由于航班延误，导致无法准时参加会议。你这时的状态是什么样的？愤怒、紧张、焦虑，甚至要现场发飙，对着航空公司的工作人员大声咆哮？在这些状态下，你很可能会遭遇"杏仁核劫持"（详见第二章）。

你的这些反应完全能找到原因：因航班延误而无法准时参加会议，你的心灵之眼直接射向了消极面，你的情绪本能地选择了失丧、痛苦和责难等。正如图5-3所示，这一身心状态让你做出了消极反应，也让你深陷因错过会议而导致的失望情绪里。

然而，通过训练心灵之眼，你能够调节身心状态，积极争取更好的结果。你可以引导自己从消极转为积极。关键在于提醒自己：是否能够掌控或影响最终结果？你是否能改变飞机延误的既成事实？如果答案是否定的，将你的心灵之眼从飞机延误造成的痛苦情绪中移开，想想由延误导致"多出来"的这两个小时中，你可以做些什么有意义的事情。既然无法参加会议，是否可以做些相关的调查研究？是否可以回些邮件、打些电话？是否可以读一本书或购购物？

通过调整心理状态，你的情绪也会发生改变。情绪和身体是相通的，大脑并不会将事实（比如身体状态）与幻想或者思考，泾渭分明地区分开。因此，你大脑中的所思所想将影响身体的反应。如果你被推入到由担忧、恐惧或质疑所导致的"人质劫持事件"中，你的大脑、你的身体都会认为好像威胁确实存在。

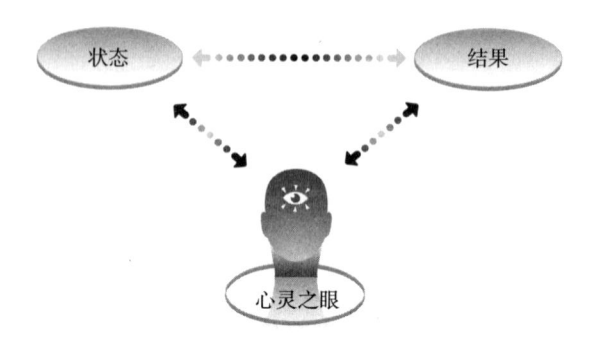

图 5-3　心灵之眼导向（3）

作为莫纳什大学的高级讲师，克雷格·哈斯德博士这样描述情绪和身体之间的联系。

"值得注意的是，思维会向大脑发出相应指令，并刺激大脑做出相应回应。应激源也许并不存在，也许只存在于臆想中，但照样能使大脑做出应激反应。奇思妙想、静思默想、宏大理想、狂妄设想和联翩浮想……所有这些都能激发应急反应。"[9]

因此，当你用心灵之眼转移注意力，改变思维方式时，身心状态也会随之改变。你甚至可以用心灵之眼激发特定的身体反应。对此，你是否觉得难以置信？找人为你朗读下面这段话，就能体验心灵之眼掌控生理反应的神奇魅力。

闭上眼睛。想象一下，在你面前，在拇指和食指之间夹着一片柠檬。你看见，柠檬片的汁液在阳光下闪闪发光。现在，试想，一层白砂糖撒在柠檬片上。白砂糖不断"吮吸着"柠檬的汁液，砂糖变得晶莹透亮。现在，动作舒缓地将柠檬片放入嘴中，充分咀嚼。一时间，带有甜味的白砂糖汁液与柠檬片的酸味汁液交融，缓慢地流入喉咙。

睁开眼睛。你嘴中的唾液分泌量是否更多？你明明知道，从始至终就没有出现过真正的柠檬片。仅仅对柠檬片进行想象，便足以让心理状态向身体发出指令，于是更多的唾液分泌出来。你的身体对心里的所思所想给予了真切的回应。

心灵之眼、期望和可能性

图 5-4 将与心灵之眼相关的各因素放在一起，全面展现它们之间的相互影响。显而易见，心灵之眼的指向影响着你对自身和他人的期望值，这也决定着你的认知水平。

期望决定结果

心灵之眼最吸引人的地方，在于它可以让我们用思维方式影响行为结果。在《失败准备综合征》（*The Set-up to Fail Syndrome*）一书中，作者让-弗朗索瓦·曼佐尼教授阐释了期望值是如何引领我们实现预期目标的。[10] 如果我们认定某人是高绩效员工，会相信他迟到的原因是路况不畅等外部因素造成的，而不会责怪他。相反，如果我们认定某人是低绩效员工，会认为其迟到是个人主观原因造成的，而且吹毛求疵地责怪他。低绩效综合征的发生与正常绩效水平并不必然相关，因为当你将某人视为低绩效员工时，你会选择性地寻找相关证据佐证你的看法。心理学家塔利·沙洛特也发现，以负面消极的方式看待未来，结果必将变得负面消极。因为期望是一种自我应验的过程。期望

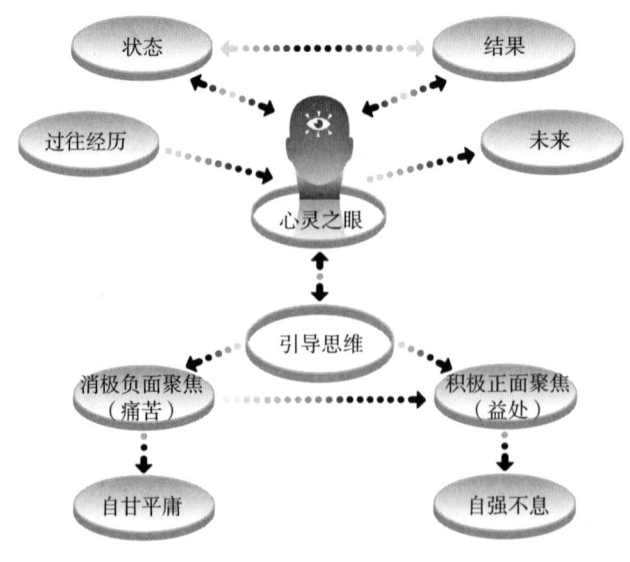

图 5-4　心灵之眼导向（4）

能够影响我们的想法以及后续行为，并影响最终结果。[11]

特里·斯莫尔是一名脑力开发和学习能力培养专家。他分享的这个故事，完美体现了将期望与心灵之眼和结果联系起来所迸发的强大力量。

某校新入职一名一年级教师。教务主任交给她一份班级花名册。她发现每个名字旁边还附着相应数字。"哇哦！"她暗自思忖，"学校把所有聪明的学生都放到了我的班，他们的智商可真高啊！"因此，在之后的教学中，她想尽一切办法激发学生们的潜能。每当有学生抱怨功课太难时，她总给他们打气，并相信他们一定能做得更好。学期结束，她的班级成绩非常优异，得到了校长的称赞。"当你有一班智力超群的学生时，教好他们只需做好本职工作。"她进一步说道，"学生们思想活跃，有好奇心且内驱力强。他们的智商是150、152、153，甚至更高。"听罢，校长一脸疑惑地问她，是如何知晓学生们都拥有这么高智商的。她回答道，开学前，教务主任交给她的班级花名册，学生姓名后面都写着智商数值。校长恍然大悟，然后哈哈大笑起来："那些数字是学生们的储物柜号码。"[12]

这是个有趣的故事，不是吗？将储物柜号码当作智商数值的老师，引导学生们成为最好的自己。当她认为那些数字就是学生们的智商时，她对学生们的认知便发生了积极改变，从而改变了她的教学方法。她的改变也让学生们的自我认知发生了变化，继而影响到他们学习的方法。所有这些改变最终带来了班级成绩的提升。这就是我们说的，期望值改变最终结果。

这个故事让我们充分认识到，思维方式影响结果。不过，许多境况下，固有的思维模式限制了你和他人，看不到自己的潜力。

有时，转变思维方式所带来的力量能创造奇迹。下面这个故事来自企业管理人员阿方索。

7岁那年，我做了腹膜炎手术。虽然很成功，但术后刀口无法快速愈合。医生建议我每天坚持涂抹硝酸银软膏，但由此带来的灼烧感让我疼痛难忍。[13]一年后，刀口仍未完全愈合。暑期将至，父母要外出旅行一周，我和其他兄弟姐妹暂时由祖母照看。其间，叔叔路易斯·艾尔弗雷多来看我们。叔叔正接受"心灵控制"方面的训练。他问我术后伤口愈合情况。我沮丧地表示，使用硝酸银软膏一年多了，但仍未完全愈合。叔叔让我放松地躺在床上，查看我的伤口。他把手轻轻地放在伤口上，坚定地告诉我："一周后，肯定会愈合。""真的？"我疑惑地问道。"当然。"他说。"不再使用硝酸银软膏了吗？"我又问。"怎么想就怎么做。"他说。于是，我立即停用硝酸银软膏。一个星期后，父母旅行回来时，我的伤口完全愈合。

不可能的意思，就是"不，可能"

可能的边界在哪里？消极负面的想法多少次限制了我们的成就？积极正面的想法又多少次让我们取得更大的成就，就像下面这个故事一样？

加州大学伯克利分校的学生乔治·丹齐格正在攻读博士学位。一天，他迟到了。"赶到课堂时，我看到黑板上有两道数学题。我以为那是教授给我们布置的课后作业，于是，我便认真抄在作业本上。几天后，我因为晚交作业而向教授道歉，由于那两道题难度太大，所以多耗费了些时间。我问教授是否仍然愿意看看我的做题思路。他让我把作业放在办公桌上。我极不情愿地照做了，因为他的办公桌上摆满了各种文件，我担心自己的作业会被遗忘在这些杂乱无章的文件中。大概六周后，我记得那是一个周日的早晨，钟表指针刚刚走过八点钟，我和妻子被教授急促的敲门声惊醒。他告诉我，之前我误认为是数学作业的那两道题实际上是统计数学中两道著名的未解难题。直到这时，我才感受到这两道数学题的特殊之处。"实际上，丹齐格后来表示，如果他一开始就知道那两道数学题不是课后作业，而是著名的未解难题，他可能不会尝试去求解。

后来，丹齐格在数学领域取得了非常卓越的学术成就，并于1975年获得美国国家科学奖章。

无论面对怎样的危机磨难，拥有强大心灵之眼的人总能探寻一切机会、可能性和潜能，而非陷于悲观、消极和自我毁灭的情绪中。心灵之眼能使你克服人生道路上几乎所有的障碍。

在一次登山事故中，杰米·安德鲁不幸失去双脚、双手，以及手臂和腿部的部分肢体。在艰难的康复训练后，他凭借假肢勇敢地站了起来。通过参加伦敦马拉松、攀登乞力马扎罗山和完成铁人三项等壮举，他为自己发起的慈善组织筹集善款。以下是他对心灵之眼所带来的力量的描述。

在我看来，我们所面临的最大障碍和阻力都是人为设置的。我希望鼓励身边的人抛弃庸人自扰的臆想，发挥最大潜能，做最真实的自己、最强大的自己。记住，不可能的意思，就是'不，可能'。追逐你的梦想吧！

当你将心灵之眼引向"不可能，就是'不，可能'"这一强大信念时，你将最大程度地把自身及他人的潜能激发出来。

── 潜能领导力 ──
两大特质有助于心灵之眼

潜能领导力九大特质中，有两大特质对塑造心灵之眼非常重要，即引导思维取向和鼓励承担风险。

特质6：引导思维取向

在我们的调查研究中，领导者们经常使用下面这些表述来形容潜能型领导者是如何引导思维取向的。

"'虽然你正处在至暗时刻，但这或许是你涅槃重生的转折点'，她的话让我将目光看向远方。"

"他总是告诉我不要惧怕未知，要将未知视为挖掘和激发潜能的宝贵机遇。"

"引导人们从不确定性中获益。假定人们的行为动机是获得积极正面的成就。当你将他们置于挑战与机遇的十字路口时,他们都会做出积极回应。"

"我知道,你现在焦虑得要死,但三个星期后,你将成为名副其实的冠军。"

本章全部在讲心灵之眼以及安全基石如何引导心灵之眼。在调查研究过程中,我们发现,潜能型领导者能够引导自己和追随者的心灵之眼,使之着眼于好的结果,描绘出充满希望和可能性的愿景,甚至将目标具象化。领导者提出期望,追随者的能力和表现就会不断提升。

让我们看看下面这个团队,是如何从"我们无法改变什么"向"我们能影响什么"积极转变的。

某大型跨国公司要进行重大重组,管理团队也将发生变革。休息时,管理者纷纷表示,他们失去了斗志,感到迷茫失落。在动荡期,似乎没有任何好消息。苏珊问大家变革是否必要,他们都给予了肯定的回答,认为当下的公司制度框架老旧僵化,无法满足发展需求,亟待变革。令人惊讶是的是,既然大家取得了共识,休息室内的管理者们不再过分纠结于公司未来的不确定性,而是重新燃起了斗志,对未来充满了信心。

积极正面的心灵之眼总是与乐观开朗的心态紧密相连。翻看任何一位杰出领导者的传记作品或人生履历,你会发现他们都是乐观主义者。事实上,又有哪位彻头彻尾的悲观主义者能够引导人们积极进取、勇往直前呢?虽然英特尔公司前首席执行官安迪·格鲁夫曾写过一本《只有偏执狂才能生存》(*Only the Paranoid Survive*)的书[14],但实际上,他最为世人所熟知的能力,是总能将消极局面转化为积极局面。正如组织发展研究专家波珀和梅瑟里斯所阐释的，乐观主义通常能展现出令人信服的愿景。

"领导者或许需要具备诸多特质。其中一个普遍特质便是能够创建未来愿景、提出创新路径、传递鼓舞人心的能量信息。"[15]

积极的心理状态是潜能型领导者的特质，这也让他们真诚可信。正如比尔·乔治所说，真诚的领导者能够带来富有感染力的乐观与自信。[16]当潜能型领导者开始关注自己的心灵之眼时，他们在积极调适自己的同时，还能将整个团队的心灵之眼聚焦至未来获益、潜能和机遇上。

评估你的潜能领导力行为

在1到5（"1"代表从不，"5"代表经常）的范围内对以下行为打分：

- 即便压力重重，仍然能够使团队保持对预期目标的关注。
- 关注机遇和可能性多于问题和困难。
- 面对艰难困境，找寻和表达积极正面的内容。

如果上述某行为分值低于3，你应该优先培养"引导思维取向"这一特质（详见第八章"成为他人的安全基石"）。

培养"引导思维取向"的小技巧

（1）检查自己的心灵之眼。尽你所能，尽快将心灵之眼从消极负面转向积极正面。

- 当你面对压力、消极之人或遭遇重大挫折时，在说话或做事前，先深呼吸，通过心理暗示的方法告诉自己，要将心灵之眼转向积极正面。

- 留意自身状态。如果你焦虑、愤懑、沮丧，甚至饥饿或劳累，你很有可能瞬间滑入消极状态，并很难转向积极状态。

- 有时，当你实在无法保持积极正面的状态时，花几分钟时间回想一下人生中所遇到的潜能型领导者，回想他们如何保持积极正面的状态，或曾灌输给你的积极的自我认知。处在消极境地中的你，可以考虑联系他们，这将对你非常有帮助。

（2）欺骗你的大脑。为训练心灵之眼，你可以选择做一些并不喜欢的事儿。例如，你喜欢游泳，但不喜欢冷水。如果你遇上冷水泳池时，告诉自己"冷水令人兴奋，感觉好极了"。这种认知框架的转变能够让你在冷水中自如游弋。虽然你可能依旧不喜欢冷水，但聚焦积极正面的思维方式能够让你采取积极措施，挣脱大脑向你下达的厌恶反应指示，享受一段不一样的游泳体验。

（3）选择3个你希望施加积极影响的人。每天，至少找一个机会向他们传递坚韧、自信和乐观的能量。

（4）将他人纳入到愿景之中。为了让团队或组织专注于积极的未来，与他们共同制定发展愿景，不断鼓励他们对发展愿景充满信心。当你对发展愿景投入足够多的能量时，他人也会为之投入能量。

特质7：鼓励承担风险

在我们的调查研究中，领导者们经常使用下面这些表述来形容潜能型领导者是如何鼓励他人承担风险的。

"挑战自我，超越自我。他时刻鼓励我走出舒适区。"

"她非常相信我。即便我是一张白纸，她仍然将我招致麾下，始终认为我能够做好本职工作。我将拼尽全力，不让她失望。"

"他们让我负责一项价值30亿美元的燃气轮机交易。他们对我的信任和托付是弥足珍贵的。"

"你应该敢于尝试。如果方法不对,我们坐下来沟通复盘,尝试找出实现目标的最佳方式。"

"这些就是父亲让我做的。我们一起建造房子,他让12岁的我使用许多大家伙加工实木,参与建造全程。"

一个不鼓励别人承担风险的领导,或许会营造出"你好我好大家好"的和气氛围,但他却不能成为别人的安全基石。通过鼓励人们承担风险,潜能型领导者能够从"接纳他人""发现潜能"进入以他人充分信任自己为基础的实际挖潜阶段。

在"鼓励承担风险"这一特质中,行动是非常关键的,这体现了潜能型领导者敢于为别人冒险的意愿和决心。如果所支持的人最后仍然失败,潜能型领导者会承担一切后果。然而,只有通过鼓励承担风险,潜能型领导者才能给予他人释放潜能的机会;而回避风险,便无法知晓一个人的上限究竟在哪里。邓肯与妻子在马尔代夫的六善酒店,体验到了安全基石对心灵之眼的巨大影响力。如果邓肯没有遇到安全基石,他绝不可能承担风险,去体验一生中最奇妙的一段经历。

水上飞机缓缓降落在海岛上,一位名叫夏美的女士向琳达和我走过来,她是我们此行的地陪导游,是迄今为止我们所遇到的最亲切、温和、好客的人。夏美带着我们在海岛上漫步,清晰准确、自信大方、贴心友好地向我们介绍充满异域风情的民俗文化。

我们来到下榻的酒店,走向酒店专属的私人沙滩。正当我兴致盎然地下水游玩时，我注意到不远处有一条小鲨鱼从水面游过。我顿时惊恐不已，立即找来夏美。夏美万分笃定地解释："只有幼年鲨鱼会游到暗礁上来。它们对人类没有危险。"夏美还向我保证，附近不会有雌性成年鲨鱼，绝对安全。

我的童年是在非洲大陆度过的，在那里，一只幼年河马或狮子附近必定有成年雌性，并且会伺机攻击人类。小时候形成的固有认知让我对眼下类似场景产生了肌肉记忆般的警觉。然而，夏美的自信大方、温和友好，让我对其所说充分信任。于是，我尝试着下水游泳。作为安全基石，夏美为我提供了舒适感和信任感，帮助我将心灵之眼从消极负面移开，这就使我敢于挑战自我，承担预期风险，并留下了终生难忘的经历与体验。

只有给予人们发挥潜能的机会，你才能真正知晓是否对他们报有希望。正如美国前联合信号公司总裁兼首席执行官劳伦斯·伯西迪所说："制定天才般的策略固然重要，但更重要的是选择合适的执行者并提供一切帮助使其实现你的期望。"[17]当潜能型领导者表现出"鼓励承担风险"的特质时，他们便是在践行"自强不息"的理念，也就是将"关心关爱"和"勇敢奋激"有效结合。通过对该理念的践行，潜能型领导者也会对自己严格要求且不惧挑战。

当你将挑战融入对他人的影响中，就是为他们提供了"体验式学习"的机会。这种学习的意义是只有付诸实践，才能充分吸收新知识，并融会贯通。鼓励承担风险和勇于探索未知，也能够推动开拓创新。研究人员杰奎琳·伯德和保罗·布朗曾表示："承担风险对于创新能力的开发与提升至关重要。"[18]

评估你的潜能领导力行为

在1到5（"1"代表从不，"5"代表经常）的范围内对以下行为打分：

- 鼓励下属承担风险。
- 提供真正意义上的拓展机会。
- 给予人们足够且对等的自主权和责任，而不是事必躬亲的微管理。

如果上述某行为分值低于3，你应该优先培养"鼓励承担风险"这一特质（详见第八章"成为他人的安全基石"）。

培养"鼓励承担风险"的小技巧

（1）**为承担风险做出表率**。人们需要看到你敢于冒险，敢于接受新事物，敢于改变与成长，甚至敢于面对失败。你从失败中汲取智慧并获得成长的同时，也在向追随者传递强有力的信息。

（2）**正确面对失败**。你对待失败之人的态度，影响着其他人对待风险的态度。如果你对失败之人严厉惩罚，或许会打消他人承担风险的念头。从你的态度和行为中，他们会觉察出，承担风险并不是明智之选。并且，即便你日后鼓励他们承担风险，他们也会犹豫或拒绝。因此，不要惩罚，应该以帮助他们成长的心态，通过提出问题，让人们从失败中汲取经验和教训。

（3）**能否始终如一地给予人们承担风险的机会**。你会在什么情况下给予人们发挥潜能的机会？即便面临失败的风险？把你分配给下属挑战性工作的机会列个清单。思考下列问题。

- 你是否对参与这些工作的人都抱有信任和期望？
- 如果你还没为某些员工提供应对挑战的机会，是否因为担心他们能力不足？这是否反映了你还没发现他们的潜能？哪些任务对这些员工是合适的？你将如何向他们反馈？
- 你是否应该对某些人提出更高的要求，让他们在更大的挑战面前锻炼自己？

（4）**留意你的状态。**如果你的言语或者肢体语言让人感到你对风险的焦虑，这表明你对别人并不信任。这就好比攀岩者正尝试一段艰难的攀爬线路，而保护者却因恐惧而全身打战。只有留意你的状态，才能掌控可能带来的负面影响。

学习重点

- 掌控心灵之眼既是自我管理的重要组成部分，也是取得一切成功的基石。心灵之眼的聚焦方向决定着你是否能实现目标，以及能实现什么样的目标。
- 训练你的心灵之眼在逆境中发现转机。
- 树立积极正面的标杆、提高自我认知水平和提升自我控制能力，都是影响他人心灵之眼的具体举措。
- 无论是过往还是当下，人生道路上所遇到的人都能塑造你的自我认知。
- 安全基石总能引导心灵之眼聚焦益处和收获而非损失与痛苦。
- 着眼点放在何处，是可以选择的。学会选择，也是提升领导力的方法。
- 潜能型领导者不仅掌控自己的心灵之眼，也能影响他人的心灵之眼。

常见问题

问题：承担多少风险是适宜的？我无法将整个公司的前途命运寄托在某个人的自我成长和进步上。

回答：这个问题没有确切答案。你必须根据实际情况具体分析。要知道，人们总是能承担比预想中更多的事务。当然，为了避免公司发展出现重大问题，你需要嵌入安全预警机制，比如日常工作反馈会议、财务控制以及其他措施，这样你就能够掌控局势。

问题：时刻保持积极正面的心态，我实在难以做到……糟糕的事情时有发生，这难道不也是事实吗？我不想像波莉安娜（美国作家埃莉诺·H.波特于1913年创作的小说主人公）一样，对所有事情都极端乐观。

回答：要不断调整自己，将心灵之眼聚焦于可能性和机遇上。有时，事情并不如你所愿，承认并积极面对是十分重要的。不要陷于负面消极的情绪中不能自拔，让积极的心灵之眼成为习惯性思维模式。这样就能始终保持"自强不息"的心态，尤其身处困境时。

问题：我的工作很无趣，我如何保持对工作的兴致？

回答：当你意识到对工作充满兴致就是一种"自强不息"时，你便不会感到无趣。恰恰相反，保持兴致就是在给自己充电。

第六章

成就：自强不息

> 避险难计久长，不如迎风搏浪。抑或险中求胜，抑或碌碌无为，人生非此即彼。
>
> **海伦·凯勒** | 美国作家、政治活动家和演说家
> （1880—1968）

2009年8月29日，小特德·肯尼迪在父亲老特德·肯尼迪参议员的葬礼上，发表了一篇感人的悼词。[1]

12岁那年，我被诊断出骨癌。为阻止癌细胞扩散，医生不得不切除我的一条腿。几个月后，一场大雪降临在我孩提时代居住于华盛顿特区郊外的寓所周围。父亲到车库拿起一副老旧的弗兰克·福莱尔牌雪橇，并询问我是否想顺着陡峭的车道滑下去。当时，我正在努力适应新的假肢，前方的坡道上凝结着透明光亮的峭冰，覆盖着茫茫白雪，连行走都不容易。我步履蹒跚，没几步便滑倒了。冰雪的寒冷以及摔倒的疼痛让我大哭。"爸爸，我做不到。我再也无法爬上这个坡道了。"父亲用他强壮而温柔的手臂将我扶起来，说了一段让我终生难忘的话："我坚信你一定能行。这世间没有什么是你做不到的。别担心，我们一起爬，即便需要耗费我们一整天的时间。"

父亲将手环绕在我的腰间，我们缓慢地登上了坡顶。你们或许能

理解，对于一个 12 岁的孩子，失去一条腿就是世界末日。然而，当我抓着父亲的后背，坐着雪橇从坡顶滑下来时，我知道父亲说得对。我知道我不会被苦难打倒，我依旧拥有未来。这便是父亲用实际行动告诉我的人生哲理，即便是最深重的灾难也终将过去，关键在于我们如何看待灾难，我们是否具有积极乐观的心态。他告诉我，一切皆有可能。

当我们将小特德·肯尼迪的悼词视频播放出来时，不同年龄、性别、国籍或政治立场的观者都被深深地感染了。人们之所以被打动，不仅源自深厚的父子之情，以及父亲在儿子最沮丧时的支持和鼓励，也源自人们渴望类似的感情。

事实上，我们都需要像老肯尼迪这样强有力的安全基石。我们都渴望建立好的纽带关系，渴望探索未知。建立稳固的纽带关系，愿意接受挑战，以实现未来成长，这是人类的天性。当人们能像老肯尼迪那样与他人建立纽带关系，并引导他们去实现那些具有挑战性的目标时，我们便说这就是"自强不息"。

自强不息，便是将潜能领导力的所有组成部分，比如建立良性纽带、走出因失丧造成的悲伤过程和心灵之眼全部结合起来，并最终取得卓越成就。这里所说的成就，是能够维系和提升人际纽带质效，引导人们超越自我，拥抱各种可能的成就。在这一过程中，你能激发人们的潜能，在"关心关爱"的基础上引导人们"勇敢奋激"。这就像我们一直使用的"攀岩—保护者"理论，攀岩过程中，二者心灵相通。只有通力合作，才能排除万难，登上顶峰。

自强不息理念凸显着可持续性的特质，它能够带来良性、卓越的成就。我们对"取得卓越成就"的定义是：

挑战自我、激励他人，取得超出一般预期的成就。

"良性"是什么意思？是以可持续的方式获取卓越成就，并对所有参与人员产生积极影响。

本章我们将着重介绍两方面内容：一是什么是"自强不息"；二是当你不注重纽带关系的建立或无法提供充分的条件让人们释放潜能时，会发生什么。回想肯尼迪父子在冰雪覆盖的坡道上所发生的故事，我们深受教育。我们清晰地看到老肯尼迪在关心支持小肯尼迪的同时，又是如何引导他应对挑战的。老肯尼迪通过语言、肢体动作和态度情绪，影响着儿子，让他树立起一切皆有可能的强大心理信念。当然，老肯尼迪对儿子的状态也心存焦虑，冰天雪地里滑雪橇也存在风险。然而，他能够掌控住自己的情绪，并且帮助儿子破除恐惧的心魔，将父子俩的心灵之眼都聚焦于积极面。

想象一下，看到儿子滑倒而放声号哭时，老肯尼迪可以很容易地说："为什么我们不等到明年？等你完全适应义肢时，再一起滑雪橇吧。"可是，他并没有逃避挑战，而是给予儿子坚定有力的支持和信任，以"即便我们耗费一天"这样的话鼓励儿子，引导其最终爬上坡顶。我们再回想老肯尼迪父子实现目标后的庆祝方式。他让儿子趴在自己背上，一起感受坐着雪橇由坡顶滑下来的激动和喜悦。如果没有这次体验，小肯尼迪永远都会认为自己无法挑战生活的各种可能。父亲所做的一切让他改变了之前消极的想法，他意识到自己仍然充满潜能，一样能够获取成就。同时，也坚定了这样一个信念：父亲永远是自己最坚实的后盾。

无论父母、领导者还是团队成员，践行"自强不息"的理念都能让人对生活充满信心，尤其在承受压力或者面对焦虑时。与潜能领导力的其他组成部分一样，自强不息的核心要义并不是让你尽善尽美、完美无缺，而是不断强化对领导力这一概念的自我认知，并通过具体措施将你拉回到正确轨道上来。

四种领导力模式

"关心关爱"和"勇敢奋激"是领导力的两大坐标，只有将它们像熬制中药一样，将每种药材的药效发挥到极致，才能形成潜能领导力。图 6-1 是由不同比例的"关心关爱"和"勇敢奋激"组成的四大象限。横轴代表"关心关爱"，即领导者关注人际纽带的程度；纵轴代表"勇敢奋激"，即领导者为人们提供挑战的程度。四个象限分别代表四种不同的领导力模式。

我们观察到，在实际情况下，人们不仅会选择四种领导力模式中的任意一种，还会在它们之间来回变换。我们把这一象限图定义为关乎领导力运行的二元动态象限图。因此，当你阅读每一种领导力模式的描述时，应当避免自我设限，而要时刻思考，在具体的应用场景下，你要学会选择适合的领导力模式。

在我们的调查研究中，有一点是清晰的：取得可持续的卓越成就者和潜能型领导者几乎都是以"自强不息"为理念、为主导，释放高效领导力的，并在建立良性人际纽带和聚焦"心灵之眼"时处于高领导力水平状态。

下面，让我们对每一种领导力模式进行剖析，从你更希望选取的模式开始。

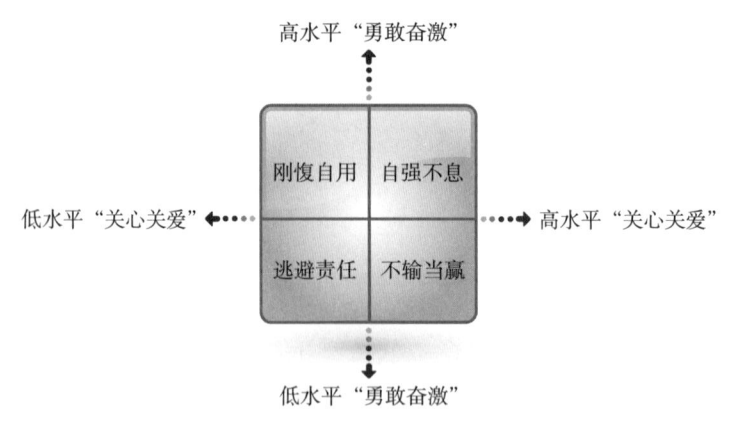

图 6-1　四种领导力模式

自强不息

高水平"关心关爱"+高水平"勇敢奋激"

内心独白：通力合作，取得伟大成就。

核心主旨：勇气

自强不息意味着你愿意为成功承担必要风险。当你与人们保持良性的纽带关系，并且积极引导团队或组织聚焦挑战性的目标时，你便是在积极践行自强不息理念，彰显潜能领导力。自强不息的领导力模式，会高度关注纽带关系以及提供有挑战的战略目标，这将引导你和追随者共同获得卓越的成就。你将尽可能地把恐惧、压力以及对此采取的防御心态从追随者身上驱除，你存在的目的既要成为他人坚强的后盾，也要反过来强有力地影响他人，并引导人们积极接受并应对未来挑战。在你的影响下，人们不仅得到了充足的安全感，也增强了应对挑战的意愿，从而积极地探索、创新和在奋进之路上承担必要风险。人们将追随你完成变革任务。这一领导力模式将"关心关爱"和"勇敢奋激"看得同等重要，因此你追求的胜利，并不会让他人承受失败，即这并非零和游戏。

自强不息的模式能够让你以最佳状态发挥领导力，将对他人成长和发展产生深远影响。

本书中出现的许多人都是自强不息领导者的典范，他们抱持崇高理想，并勇于挑战自我，向世界释放最大的真诚、善意和美好。J·R.马丁内斯就是这样的人。

演员、"与星共舞"真人秀冠军马丁内斯，19岁时作为美国步兵加入伊拉克战场。2003年4月，他乘坐的巡逻车被反坦克地雷炸毁。马丁内斯身上有超过40%的皮肤烧伤，先后接受了20多次手术，仅眼部手术就多达6次。接受美国哥伦比亚广播公司（CBS）记者戴维·马丁专访时，马丁内斯说："战争是残酷的，受伤甚至牺牲都是在所难免的。有些士兵仅仅是一只手臂烧伤，就觉得世界末日来了，认为活着似乎已经没有任何意义。但我会告诉他，'兄弟，看看我。我身上的伤疤不仅更多而且更清晰可见'，或者说'我身上的伤疤，或许会招致许多目光，但我无所畏惧，依然走在大街上，依然感谢生活，依然快乐地生活'。"

他说："我才20岁，大好年华，为什么要垂头丧气枯坐在角落呢？"

马丁内斯深信，上天让他遭受苦难的同时，也赋予了他从苦难中站起来的力量，让他以此帮助那些被烧伤折磨的战友。他与战友、自己的梦想以及生活建立了良性的纽带关系。2008年，他在美国肥皂剧《我的孩子们》中扮演一名从伊拉克战场回来的老兵。2011年，他参加第13届"与星共舞"真人秀，并最终赢得总冠军。他的舞伴卡琳娜·斯莫诺夫是一名专业舞者。她虽然已经与其他舞伴征战了9个赛季，而她与马丁内斯合作的这个赛季，却是第一次赢得冠军。而马丁内斯也给予了她完全的信任，被她引导着在一套又一套的舞蹈动作中，不断突破自我，最终问鼎桂冠。

当你释放领导力时，如果脑海中不断闪现下面这些观念，便说明你采用的是"自强不息"领导力模式。

- 与他人建立纽带关系是我取得成功的关键。
- 我能够充分信任他人。
- 当我需要帮助时，人们一定会关心支持我。
- 我有能力做自己想做的事情。
- 我准备好承担必要的风险。
- 我乐于领导他人。
- 我乐于做决策。
- 我乐于与他人和睦相处，并肩作战。
- 我将柔性领导力和刚性领导力看得同等重要。
- 我是一个高质效的人，我期待取得卓越成就。
- 通力合作才能实现最好的结果。

"**错误观念：自强不息意味着他人必须输。**

这一观念是错误的。自强不息意味着你既重视建立强大的纽带关系，也敢于通过应对重大挑战，取得卓越成就。自强不息，实际上是自我革命，而不是与他人进行争斗，在这一过程中，自己和团队都会取得可持续的卓越成就。"

不输当赢

高水平"关心关爱"+低水平"勇敢奋激"

内心独白：一团和气，相安无事，不要冒险。

核心主旨：保护膜

如果你以"不输当赢"作为领导力模式，你会关注失败、错误和焦虑以及所有出现问题的可能。压力重重的你，可能会秉持这样的观念：不输就是赢。这时你会变得谨小慎微，害怕做决策以及避免承担风险，即拒绝应对挑战的"勇敢奋激"。你与他人维系的纽带关系让你被过分保护。虽然你会投入一点参与热情，但创造和创新都会被压制，因为你不顾一切地避免犯错和失败。也就是说，你会一直保持防御性心态。

当你释放领导力时，如果脑海中不断闪现下面这些观念，便说明你采用的是"不输当赢"的领导力模式。

- 我非常担心结果。
- 做决策时，我总是犹豫不决。
- 他人或许比我更了解情况。
- 我希望我们能拥有更多的信息。
- 我们静待事态发展。
- 我需要得到他人的承诺。
- 我担心人们会否定我。
- 我害怕犯错误。
- 我担心成为孤家寡人。
- 我担心人们不喜欢我的领导模式。
- 我想避免批评意见和不满情绪。

你的转机

为了避免自己深陷"不输当赢"的泥潭，避免走更多弯路，你可以参考第五章中的相关内容，如何训练你的"心灵之眼"，如何转向积极面并鼓励自己承担风险（参考图 6-2）。

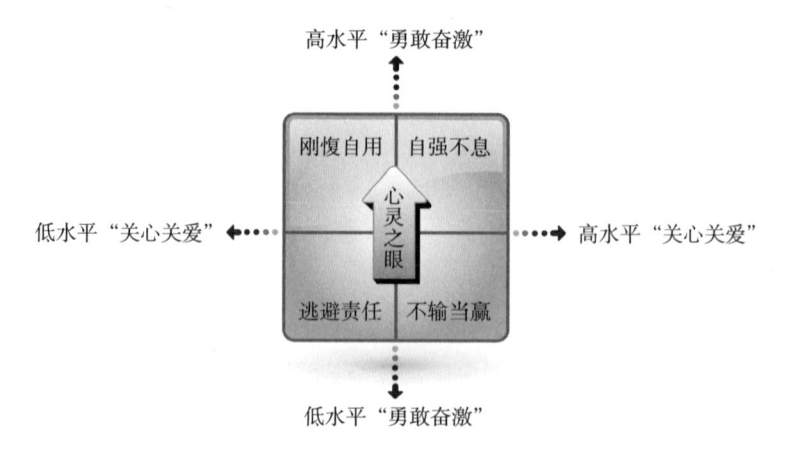

图 6-2 "心灵之眼"促进"勇敢奋激"

刚愎自用

低水平"关心关爱"+高水平"勇敢奋激"

内心独白：谁需要别人的帮助？靠自己能做得更好。

核心主旨：掌控

刚愎自用意味着你只注重结果，不惜以牺牲人际纽带为代价。压力重重下，你可能会选择"刚愎自用"的模式，因为你坚信，凡事自己动手更简单，更高效。如果你放任这种理念，你会与人们愈发疏远。成为孤家寡人的你可能会发现，由于不接受他人的见解，自己所做出的决策漏洞百出。你放弃了对人的关注，只在乎可量化的数字结果。一个将世界视作非黑即白的人——这或许是人们对你的描述。虽然你可能在短期内取得一定成果，但你只会让人们亦步亦趋地跟着你，在这种消极压抑的氛围中，很多人会选择离你而去。

在下属眼中，你是一个吹毛求疵、一直不满意的领导者。你从来不主动帮助他们，所以他们也不大可能真心追随你。虽然他们也会应对你所提出的某些挑战，但大概率不会积极热情，发挥潜能，他们只是被迫应付，失去了"关心关爱"，就没有勇于探索的激情，取得卓越成就是不可能的。由于你没有为下属和同事提供"关心关爱"，你最终会被视为一意孤行的、不近人情的压榨者。

当你释放领导力时，如果脑海中不断闪现下面这些观念，你便陷入"刚愎自用"型领导力模式。

- 我关注的唯有结果。
- 温情脉脉看上去很好，但并没有什么实质性作用。
- 公事公办，不涉及个人感情。
- 人们需要赢得我的信任。
- 人们必须反复向我证明自己的能力。
- 大体上看，人们都不忠诚。
- 做孤胆英雄更好。
- 我倾向于不过度依赖他人。
- 无论你加入还是离开公司，从来就是一个人。
- 人们工作的目的，就是钱。
- 谁都靠不住。
- 只有亲自动手，才能获取最好的结果。
- 自己动手，简单高效。

你的转机

为了避免深陷"刚愎自用"的困境，你可以参考第三章中关于纽带关系的内容，这是建立潜能领导力的基础。参考图 6-3。

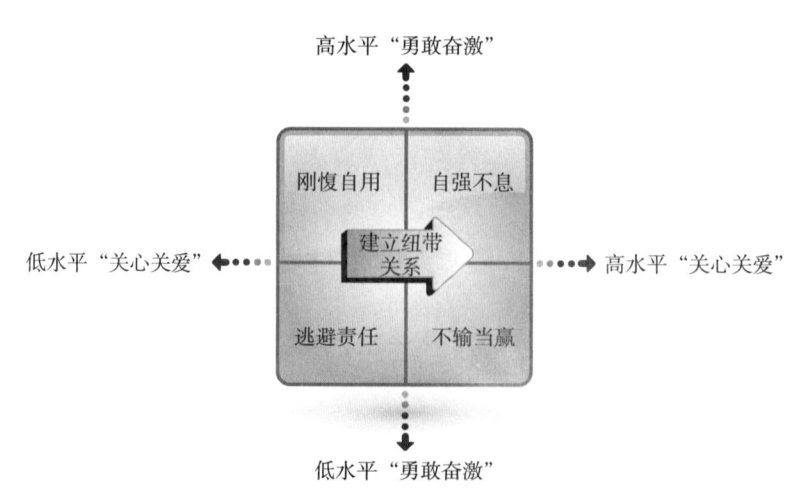

图6-3　建立纽带关系，驱动"关心关爱"

挑战的合理性

在经典著作《心流》(*Flow*) 中，米哈里·契克森哈赖表示，人们可以发挥主观能动性达到心流状态，也就是能取得卓越成就的最佳状态。前提是提供适当的挑战，使人们全身心地投入到任务推进中，不能给予过分的挑战，这会导致人们因焦虑而变得麻木和不知所措。[2]

如果你选择"刚愎自用"的思想认识，将会把过多的精力投入到"勇敢奋激"中，以致个人和团队像弹簧一样一直被拉伸，过度地保持紧张状态。你将人们从"心流"状态中推了出来，让大家变得畏手畏脚、士气低落。

那么，怎么才能提供合理的挑战？

首先，确定别人是否有应对挑战的意愿。如果有，提供具体的、有挑战性的工作。给予期许和厚望，让对方感受到你带给他的充分信任。

如果没有应对挑战的意愿，但作为潜能型领导者，你认为他有能力应对挑战，你可以将一个大挑战分解成若干个小挑战。先给他一个，并反复告诉他，你完全相信他的能力，一定能顺利完成这一项目。

如果他做得很好，自信心也会得到提升，你可以提供稍大的挑战项目。如此循序渐进，他可能会慢慢变得勇敢奋激，并从内心主动地要求应对更大的挑战。

如果别人对你提供的挑战表现得痛苦挣扎，你该如何应对？

可以尝试用下面的沟通方式，增强其自信心，促进其学习意愿："我知道你能做得更好。你是否能换一种思路，也许能实现我们的目标？你希望我为你提供怎样的支持？"

逃避责任

低水平"关心关爱"+低水平"勇敢奋激"

内心独白：不问前程，不问世事，不被打扰。

核心主旨：贮藏室

作为逃避责任者，你最大程度地展现出防御姿态，你规避风险、害怕犯错，甚至放弃努力。当你放弃"关心关爱"和"勇敢奋激"时，你会逃避责任，自生自灭。你只是打卡上下班的行尸走肉，他人也能看到你对一切漠不关心的态度。也就是说，你消极怠工，你在公司不过是捧个人场，发挥的作用微乎其微。

如果你是逃避责任的领导者，由于你没有建立任何的纽带关系，也没有提供任何应对挑战的机会，团队会变得士气低迷，缺乏内驱力。他们没有上进心，不在乎公司的发展，也就不可能为创新或变革承担任何风险。大家试图避开你，就像你试图避开他们一样，最终形成恶性闭环。对每个人而言，这是一个孤独寂寞且忧郁阴沉的工作氛围。

当你释放领导力时，如果脑海中不断闪现下面这些观念，你便成了"逃避责任者"。

- 我不喜欢周围的人，就像周围的人不喜欢我。
- 不值得我投入热情，这只是份工作。
- 我按时上下班，得过且过。
- 我可不想冒险。
- 我周围的人都能力低下。
- 没有人能理解我。
- 我不受重视。
- 我希望人们不要打扰我，让我一个人待着。
- 人们可以自我调节，不需要我的"关心关爱"。
- 没人关心我，我又何必贴别人的冷屁股呢？
- 工作枯燥乏味，缺乏挑战性。

你的转机

为了追随者、团队以及你自己的未来，我们建议你学习第四章的相关内容，尽早走出因失丧而造成的悲伤。

失丧与"逃避责任"有何关系？根据我们的观察，遭遇失丧，并由于各种原因不能走出悲伤的人，更有可能成为逃避责任者。他们退缩，逃避，追寻心中片刻的宁静并试图规避任何痛苦的产生和发酵。这种"逃避"的思想和做派表现出一股疏离的状态，在下意识或无意识中阻止你与人们或者目标建立紧密联系。任何对悲伤过往心存芥蒂的领导者都会这样。如果你意识到自己的某些思想观念、行为举止与我们所描述的内容相符，我们建议你仔细回顾过往工作生活中遭遇的失丧，比如被解雇、与晋升机会失之交臂或者一段私人关系的破裂，然后评估一下是否用悲伤化解这些失丧，然后与工作和生活重新建立纽带关系。

面对压力时的领导力模式改变

在与领导者共事的经历中，我们发现压力下的模式转换，说得具体一点，很多管理者习惯在遭受压力时在四大象限内变换。

如果以"自强不息"为目的，就应当尽力避免向如下两种象限移动。

向左移动：面对压力，横向移动，你其实是将自己与他人疏离，变成一个仅仅依赖自己的"孤独者"。

向下移动：当你向下移动时，你就是对自身能力丧失了信心，并对自己的决策和判断能力产生质疑。

评估自己：
- 在四种领导力模式中，你最想采用哪种？
- 当你承受压力时，倾向采用哪一种领导力模式？

评估公司：
- 在四种领导力模式中，你的上司、同事和下属最想采用哪种？
- 你如何成为这些人更好的安全基石，帮助他们改变观念和领导模式？
- 你的公司、部门和团队文化是什么？你是否既关注人，又紧盯目标？

六种领导力风格

在领导力理论里程碑式的文章《富有成效的领导艺术》中,作者丹尼尔·戈尔曼总结了六种领导力风格,如表 6-1 所示。[3] 戈尔曼表示,在实际情况中,六种领导力风格都能在短期内取得一定功效。他建议领导者选择那些能够对公司氛围产生积极影响的领导力风格。不过,他也提到,在面临重大危机或紧要的时候,命令型或者率先垂范型领导力风格或许是临时最恰当的做法。

由于潜能领导力将"关心关爱"和"勇敢奋激"的平衡性融入"自强不息"理念中,因此,这是能取得可持续性成就的最高效领导力风格。自强不息的领导力风格部分体现了权威-愿景型领导力风格,同时,也体现了教练型领导力风格中积极正面的那部分内容。权威-愿景型领导力风格能够最大程度地激发追随者的潜能,是领导者致力于获取可持续卓越成就的最佳方法。

表 6-1 六种领导力风格一览表

	命令型	权威-愿景型	亲和型	民主型	率先垂范型	教练型
对于公司氛围的总体影响	负面	非常正面	正面	正面	负面	正面
领导者的工作方式	要求马上服从	动员和引导人们朝着愿景进发	营造和谐友爱的氛围,建立情感纽带	通过积极参与形成共识	为员工制定高标准绩效	为未来发展培养和选用人才
领导力语言风格	"照我说的做。"	"跟我来。"	"人很重要。"	"你怎么想?"	"像我一样做。"	"试一试。"

（续表）

	命令型	权威-愿景型	亲和型	民主型	率先垂范型	教练型
情商能力	灌输成就感、自发性和自我掌控	自信心、同理心、变革的催化剂	同理心，构建纽带关系，交流沟通	通力合作，团队领导力，共同交流	自觉性，灌输成就感和自发性	训练他人，同理心，自我认知
领导力风格的最佳使用场景	处于重大危机，扭转局面的关键时刻，或者面对问题员工	变革需要全新的愿景或者清晰明了的方向指令	弥合团队中的裂痕或者在高压状态下激励人们	建立共识或者得到有价值员工的帮助支持	由拥有高度内驱力和能力水平的团队高效推动	帮助员工提升工作质效或者巩固长期优势

在表6-2中，我们归纳总结了本章的四种领导力模式，以与戈尔曼的六种领导力风格进行比照。你会发现自强不息式领导力风格，很

表6-2 潜能领导力和情商风格

潜能领导力	高水平的"关心关爱"	高水平的"勇敢奋激"	行为方式	内心独白	情商风格	短期影响	长期影响
自强不息	是	是	维系纽带关系的同时，挑战自己和他人	"通力合作，我们就能取得伟大成就。"	权威-愿景型、教练型	非常正面	非常正面
不输当赢	是	不是	维系强有力的纽带关系，但是不主张承担必要风险	"一团和气，让我们相安无事，不要冒风险。"	偏向亲和型或者民主型	有点正面	负面
刚愎自用	不是	是	只看结果，忽视与他人的关系	"谁需要别人的帮助？自己能做得更好。"	命令型、率先垂范型	有点正面	负面
逃避责任	不是	不是	断开纽带关系，放弃目标	"不问前程，不问世事，不被打扰。"		负面	负面

第六章 成就：自强不息

大程度地体现出亲和型和民主型领导力风格理念。虽然这两种领导力风格都能提供积极正面的工作氛围，但由于缺乏高水平的"勇敢奋激"，或许无法产生可持续的最佳结果。

此外，刚愎自用式领导力风格也体现了权威型和率先垂范型领导力风格的要义。我们认为，虽然这两种领导力风格都能产生短期功效，但从长远来看，仍然弊大于利，而且最终会带来消极负面的影响。然而，许多领导者仍然花费大量时间将自己打造成"刚愎自用"者，尤其是在重压之下。

—— 潜能领导力 ——
两大特质有助于"自强不息"理念

综合来讲，"自强不息"是潜能领导力九大特质融会贯通的结果。当领导者与追随者沟通，践行自强不息领导力理念时，潜能领导力两大特质，即"激发内驱力"和"如影随形"会发挥特殊作用。前者有助于人们应对挑战，后者则有助于纽带关系的建立。

特质8：激发内驱力

在我们的调查研究中，领导者们经常使用下面这些表述来形容潜能型领导者是如何激发内驱力的。

"他经常询问我最近学到了什么以及实现了什么样的目标。"

"做正确的事，不要计较短期的得失，只要坚持去做正确的事。"

"我希望你选择能够发挥自身优势，并让你最有成就感的工作。在职业生涯的初期，不要过度在乎收入。如果专注于发挥自身优势，收入会不求自来。"

"犯错误，甚至因错误导致一些损失，都是正常的。今天你汲取的教训将促进你的个人成长和领导力水平提升。"

"入土为安时成为富有的人没有任何意义。我们需要享受工作和生活所赋予的人生乐趣。"

当我们邀请领导者谈论对其产生过积极影响的人和事情时，他们从未提及金钱或其他物质上的奖励，而谈的最多的是潜能、学习、发展、激情、贡献和意义。也就是说，潜能型领导者知道，相对于外驱力，内驱力对于激发人们的最大潜能更为重要。

何谓"内驱力"？是指能带来愉悦和满足的言行动力。相比而言，外驱力不太在意个人意愿，而只看重外在收益。[4] 潜能型领导者通过激发内驱力，使人们为了个人幸福去应对挑战本身，而不是因为外部压力或奖励而被动应对挑战。[5]

大量证据显示，物质奖励虽然是一种动力因素，但并不是员工驱动力的主要因素。事实上，真正激励人们的是不断将自我价值实现的推动力，这是一股激发潜能的内驱力。

通过提供丰富的人生挑战而不只是奖励，潜能型领导者让追随者实现了自我超越。[6] 丰富的挑战是对新奇、好奇、探索、趣味、惊奇等的各种体验，这些体验能够促进自我学习和成长，因为它们催生了新的脑细胞，大大延缓大脑退化以及隐性疾病的发作，比如阿尔茨海默病。[7] 事实上，大量研究显示，内驱力有助于产生积极的学习结果。[8]

激励他人，使其自我激励

我们经常听到领导者抱怨，怎么才能用充足的物质奖励来激励员工。毕竟，让员工投入并提高他们的创新能力，难道不需要金钱吗？

我们的调查研究显示，潜能型领导者成功的原因，并不在于额外的金钱及其他物质奖励，他们总能用物质奖励以外的方式激励追随者。

他们的成功奥秘在于将内驱力优先放在外驱力之前。内驱力来自人们的内心深处，不需要过多的金钱，外驱力则通常来自有限资源的形式，比如金钱。

内驱力的例子	外驱力的例子
学习	金钱、额外奖励
挑战	奖状或荣誉
成长、自我进步	名望
乐趣、激情或新颖	职务晋升
乐于奉献或推进变革	考试成绩

当你通过内驱力来激励他人时，你不必增加现有成本以提高追随者的投入热情。

除了学习，人们还可以通过其他方式实现自我超越，比如深化纽带关系、抓住机会以及实现挑战性的目标。让我们看看下面这个故事。

苏珊的团队主要任务是为公司设计全新标语。上司不断激励她，向她阐释全新标语对公司业务、顾客、消费者以及员工的深远影响。"这种有可能带来重大变革的机会令我激动不已。于是，从白天到黑夜，从工作日到周末，我将大量时间投入到项目中。""保护美好"最终成为公司新标语。看见项目团队的成果出现在公司数以亿计的产品包装上，并销往世界各地，苏珊虽然保持谦卑，但自豪感却油然而生。几年后，这条标语仍在使用。苏珊也一直与项目团队成员保持着良性的纽带关系。

为他人和世界做奉献，确实能够实现自我价值。

邓肯说，无论是作为教职员工还是高级管理顾问，工作都让他有充分的满足感，金钱层面的考量反而变得无足轻重。"职业生涯中，我任过多个管理职位，可以说履历辉煌。经历过高光时刻，我很高兴自己仍然有勇气改变职业规划，以听从内心召唤这种更加直接的方式加入组织的人和事中。我想我不再会为世界上的任何东西做交换。无论你给予什么，我都不会动摇，我醉心于传递知识和智慧，我帮助人们拥有更成功、更有意义的生活。能为他人带去改变，这种感觉太美好了。"

成功的人不会以成为世界首富来激励自己，他们通常用伟大成就或伟大荣誉来激励和鞭策自己，金钱是成功的附属品。我们认为，你最大程度地被激励的时刻，便是你的安全基石发现并承认你的潜能、奉献和价值的时刻。这种鼓励让你变得"自强不息"。由此，你不仅拥有纽带关系和能够应对挑战，你还有能力帮助他人建立纽带关系并鼓励他们接受挑战，突破自我。

问问自己：
★ 给予我最多鼓励的人，是采用内驱力还是外驱力激励我的？

评估你的潜能领导力行为

在1到5（"1"代表从不，"5"代表经常）的范围内对以下行为打分：
- 明确他人最在乎什么，并用此激励他人。
- 强调学习、成长和进步的重要性。
- 引导人们看重成就和荣誉而不是金钱和物质。

如果上述某行为分值低于3，你应该优先培养"激发内驱力"这一特质（详见第八章"成为他人的安全基石"）。

培养"激发内驱力"的小技巧

（1）对你所使用的激励措施进行梳理总结。回顾你对追随者所做过的演讲或谈话，看看什么时候在使用内驱力，什么时候在使用外驱力。例如，沟通时，你采用什么样的手段激励他们？倾向于谈论金钱、物质奖励，还是学习、成长和进步？

（2）**了解身边的人**。只有当你了解了人们的志趣，知道什么能真正影响他们时，你便能明白采用什么样的激励方式。

（3）将内驱力建立在人们所需要的归属感和成就感上。引导人们成为宏大目标的一部分。这不仅能激发人们的内驱力，也能使他们在实现目标的过程中勇敢应对挑战。例如，为他们提供职责范围外，但能为团队带来重大影响的任务，或者让人们参与一些非营利性质的项目。

特质9："如影随形"

在我们的调查研究中，领导者们经常使用下面这些表述来形容潜能型领导者是如何做到"如影随形"的。

"他们是我永远的坚实后盾，就像随时都能拨通的电话。"

"我有个非常要好的朋友。虽然我们不常见面，但她是我人生道路上不可或缺的一部分。"

"实际上，无论在世还是去世，他始终是我的安全基石。"

"在你需要他的时候，他总会及时出现。他宽广无私的胸怀总是向我敞开。"

"如影随形"的反面是"不知所终"，一个疏离他人的"孤独者"是不能成为安全基石的。我们采访过的人，都对安全基石"如影随形"的能力深信不疑。有意思的是，实际情况下，安全基石不可能如影随形：我们不能每时每刻与安全基石保持联系，也不能一直在空间位置上与其相伴，更不会动不动进行长达数小时的通话。实际上，彼此的物理距离通常会很远，沟通也简短扼要。记住，潜能型领导者的大门并不会 24 小时敞开，也不会随时等着接听你的电话。

"如影随形"的核心要义是为追随者注入这样一个认知：安全基石总会在你需要的时候出现。潜能型领导者与追随者建立的纽带关系中，会提供一种积极的感知，就是感觉一直在身边，一直提供支持，这当然不是物理的陪伴和实际的沟通。研究儿童是如何与安全基石互动交流时，玛丽·安斯沃思提出了著名的依恋理论，该理论帮助我们提出并不断完善安全基石概念。她发现，与父母分别并不会让儿童感到沮丧，而感知不到安全基石才是关键，也就是说，监护人能否真正成为安全基石，不在于他们是否一直陪伴在左右，而是在思想认知层面，一直感受到安全基石"如影随形"。[9]

你可以将"如影随形"这一特质理解为安全基石的"无形"特质。安全基石在不在现场，这一特质都能发挥重要作用。那些去世的人仍然可以成为安全基石。人虽然不在了，但他们的精神意志永存，只要你想起他们，他们的影响力就是"如影随形"。同样，那些从未谋面且也不会谋面的人也能成为安全基石，比如宗教或政治领袖、演员和音乐家等。即便他们并不在你身旁，但他们仍然能传递思想和精神力量，他们的影响力对于你来说就是"如影随形"。

尼克·施赖伯是利乐公司前首席执行官。下面的故事生动展现了他对"如影随形"的深刻认知和积极践行。

尼克设置了"直通首席执行官"的邮箱，并保证24小时内回复来自员工的询问。这不是投诉、举报类型的邮箱。"直通首席执行官"只是一个促进公司内部互动的沟通渠道。任何员工都可以向首席执行官提出问题。有意思的是，邮箱设置5年时间里，尼克收到的信件并不多。因此，有人认为"直通首席执行官"邮箱使用频率较低，提议暂停使用，但却遭到了员工的强烈反对，他们将邮箱视为随时联系首席执行官的"安全热线"。实际上，通过设置邮箱，尼克向员工传递了一种信息："如果你们想与我直接交流，我随时恭候。"有一次，尼克收到一名员工的电子邮件，并在24小时及时回复，激动的员工将此事与他人分享。由此，大家就认为首席执行官会一直"如影随形"地与他们保持沟通。

这个故事告诉我们，作为潜能型领导者，并不需要与追随者保持紧密的物理距离，而是要让他们感觉你好像在身边，并随时可以传递信息能量。感知到你很重要，目的是让人们认为你真正地关心关爱他们。这样，你便能与他们建立纽带关系，而没有纽带的支撑，自强不息的理念便无法践行，更不可能取得可持续的卓越成就。

● ● ●

评估你的潜能领导力行为

在1到5（"1"代表从不，"5"代表经常）的范围内对以下行为打分：

• 及时回复电话或邮件。
• 关心并支持别人，即便很少与他们直接接触。
• 当人们烦恼时，确保他们能想到你。

如果上述某行为分值低于3，你应该优先培养"如影随形"这一特质（详见第八章"成为他人的安全基石"）。

培养"如影随形"的小技巧

（1）与追随者的交流，更注重效率而非时间。每一次沟通都是有价值的。重要的对话可能是只言片语，或许是一个标志性的手势，比如竖大拇指。

（2）深入一线走访调研。如果你只坐在办公室里翻看、批阅文件，即便办公室的门敞开着，但你的行为举止也已告诉人们，你性格孤僻，态度冷漠。请走出办公室，深入一线，到员工的工作场所展现你"如影随形"的领导风格。记住，与他人交流时，要耐心聆听，并细致查问。

（3）交流简明扼要。记得使用"靶心交流"。提供"关心关爱"和"勇敢奋激"并不需要长时间的互动。

（4）让人们感觉与你沟通很容易。确保那些视你为安全基石的人，不用为了与你沟通而费尽周章。

- 公开邮箱地址和电话号码。
- 要求你的助理不要扮演守门员的角色。
- 不要总是推托自己忙或压力大。否则，人们会认为，他们不如你手头的其他事情重要。
- 沟通时，记得要将人们的真诚和善意传递回去，即便只是一句"下周什么时候再聊聊"。

学习重点

- 践行"自强不息"理念，能够使你、团队和公司取得卓越成就。
- 了解面对压力时自己的态度和行为，这有助于做好自我管理，保持"自强不息"的斗志。
- 践行"自强不息"理念，需要足够的勇气去"关心关爱"和"勇敢奋激"。
- "自强不息"理念需要管理好自己的"心灵之眼"，并积极引导他人的"心灵之眼"，还应不断提高建立纽带关系的能力。
- 践行"自强不息"理念能使你进入"心流"状态，在适度压力下，追求并获取卓越成就。
- 通过激发内驱力，可以让人们践行"自强不息"的理念。
- 潜能型领导者要做到"如影随形"。

常见问题

问题：古今中外的一些著名人物确实是刚愎自用型领导者，如果他们可以获取一定成功，为什么我不可以？

回答：是的，从短期看，那些刚愎自用的人取得了一些成绩。但从长远看，他们无法取得可持续的卓越成就。率先垂范型和命令型领导者无法长久赢得追随者的忠诚和信任。最终，这些缺陷会耗尽他所积累的短期优势。

问题：我已经是24小时连轴转的工作状态了，还不是"如影随形"吗？

回答："如影随形"并不意味着保持24小时连轴转的工作状态。你需要为人们注入自己"如影随形"的感知，并在人们需要时可以联系上你即可。

问题：我们公司有津贴发放制度，这算是外驱力，是否应该取消这一制度？

回答：不需要。实际上，无论是提高产品销量还是商业合同签订数量，绩效制度和津贴制度都是有效的激励因素。然而，这些措施不大可能让员工长久地保持工作热情。关于绩效奖金所发挥的激励作用，我们的调查研究结果是明确的：虽然有用，但也有天花板的限制。无论什么领域，真正意义上的卓越成就并不完全是靠金钱的刺激取得的。物质金钱虽然可以作为公司吸引和留住人才的措施，但无法以此取得可持续的卓越成就。

第 三 部 分

成为安全基石

- 自我认知是潜能领导力的重要组成部分。
- 你当下的领导力是过往经历的延伸。
- 知晓和建立外在安全基石,能帮助你成为自己的安全基石。
- 明晰潜能型领导力九大特质在自己身上的表现,能帮你有针对性地补齐短板,最终成为真正的安全基石型领导者。
- 为了提升对话质量,尝试给对方提供选择机会、做出让步以及提出针对性问题。
- 如果你在工作中能做到体恤和关爱,你便能将潜能领导力的相关理念融入团队和组织。

CARE to DARE

Unleashing Astonishing Potential
through Secure Base Leadership

第七章

强化你的安全基石

每个人都不是一座孤岛，每个人都是大陆的一个组成部分……

约翰·多恩 | 英国诗人

（1572—1631）

保罗·鲁塞萨巴吉纳是卢旺达一家高档酒店的经理。保罗说，他是一个内向、安静的普通人。

然而，在席卷整个卢旺达的种族大屠杀中，保罗这个普通人却成了1268名图西族及态度温和派的胡图族难民眼里的英雄。他让难民躲藏在米勒·科林斯酒店内，免遭联攻派民兵组织的杀戮。在持续3个月的时间里，保罗巧妙地利用自己的影响力和人脉关系保全了这些难民的性命。

1994年4月6日，手持砍刀的暴徒在短短100天内，屠杀了80万当地百姓。屠杀开始后，很多难民躲藏在保罗家中。"虽然我不知道他们为什么认定我会提供保护，但他们不约而同地'闯入'我家。我和家人将这些'不速之客'安置在客厅和厨房，并试图让他们保持安静。"保罗后来意识到，他的"热情好客"是有原因的，这来自一种优良传统的发扬和传承。1959年胡图革命时，我父亲将山坡上的小房子改造为难民收容所。当时，我只是个小男孩，也就比我儿子特雷索尔现在的年龄稍大一些。我常听到父亲说这样一句话：如果连一头凶猛的狮子都可以收留，为什么不能为人类提供庇护呢？"

保罗曾是基加利外交官酒店的经理。屠杀开始后，保罗将家人安置在他正供职的米勒·科林斯酒店。当其他经理被安排撤离卢旺达时，保罗却留了下来。他打电话给酒店拥有者萨比纳，并获得了代理总经理的任命书。尽管动员全体员工接受自己的决定遇到了困难和阻力，但他仍利用自己的职务和影响力，将酒店变成了难民收容所。随着国内局势的恶化，那些躲在保罗家中及其他地方的难民都来到了米勒·科林斯酒店。为了防范子弹和炸弹，保罗与难民们将床垫挡在窗户上。为了能够活下去，他们将酒店游泳池的水当作饮用水，将所剩不多的食品定量发放。

国际维和部队撤离后，保罗只能靠自己的聪明才智保护自身和难民们的安全，他用烈性酒和现金贿赂卢旺达胡图族士兵，在屠杀发生的100天时间里，把这些胡图族士兵挡在酒店大门外。

2004年，保罗的英雄事迹被改编为电影《卢旺达饭店》，成为奥斯卡提名影片。让人惊讶的是，保罗并不认为自己的这种行为是英雄主义壮举，他认为自己只是履行作为经理的职责。"虽然人们都说我在米勒·科林斯酒店所做的一切都是英雄之举，但我认为这实在是过誉了。我不过是为有需要的人提供庇护，如果人们认为我尽了职责，作为酒店经理，这便是对我最高的评价，也是我希望获得的赞誉。"

保罗在他写的《平凡之人》[1]一书中回忆道："语言既可以是杀人的武器，也可以是救人的良药。时至今日，我依旧坚信，真正支撑酒店内1268名难民活到最后的，是大家用语言相互鼓励，而不是烈性酒、金钱和联合国。平常的话语能够冲破黑暗，迎接曙光。语言是世间最强大的力量，我亲眼见证了语言的相互鼓励为1268名难民带来的积极影响。我永远不会忘记父亲说的一句话：聆听父亲之教诲，才能知道祖父曾经之教诲。"

事实上，保罗将自己价值观的养成归功于父亲。父亲是"一个让我具备耐心、坚韧和勇毅等优良品质的长辈"。保罗说："每到新年，父亲都会把孩子们召集到一起。对孩子们一年来的成长表现总结点评。父亲向我们展现了什么是同理心和同情心。他从来不让我们难堪，而是鼓励我们做正确的事情。"

从任何意义上说，保罗·鲁塞萨巴吉纳都是名副其实的潜能型领导者。面对残暴而混乱的局势，他镇定自若，通过强有力的语言表达给予大家莫大的鼓励和安慰。父亲是保罗的安全基石，父亲不仅为儿子做出了榜样，让他从小就知道接纳需要帮助之人，并为此勇于担当，父亲是为儿子提供"关心关爱"和"勇敢奋激"的神奇联合体。

问问自己：

★ 在成长过程中，谁是我的安全基石？

★ 谁给予我们"关心关爱"和"勇敢奋激"，引导我们突破自我，挑战不可能？

★ 什么样的经历塑造了我当下"领导者"的身份？什么是我领导力的动力之源？

在瑞士洛桑国际管理发展学院的高效领导力课堂上，我们花费大量时间探究上述问题，最终找到了高效领导力的动力之源。欢声笑语、流泪释怀、深刻反思、情绪宣泄、痛苦和解、衷心感恩、茅塞顿开……在积极热烈的课堂氛围中，我们和学员们教学相长，彼此都受益匪浅。学员们坦诚相待，慢慢撩起尘封过往岁月的幕布，逐渐意识到过去所遇之人、所经之事，无论是积极正面还是消极负面，都对自身领导力产生了重要影响。更重要的是，他们更加明确地知道自己应当与谁并肩作战，能成为什么样的领导者。

下面是瑞士洛桑国际管理发展学院杰克·伍德教授对于领导力的精妙论述：

"领导力学习需要日复一日的实践和练习，以及质疑自我的意识。要有自由开放的意识、积极创新的意愿、探索未知的勇气，以及对始料未及之事的包容心。只要你愿意深入探究自身行为背后的原委，你便能大大优化领导力效能。"[2]

事实上，自我认知是潜能领导力的重要组成部分。通过自我意识，你能对自己的安全基石有更清晰的认识，无论它是过往或是当下之人、目标或者实物，你甚至可以学会把自己变成安全基石。

安全基石知多少

无论身处人生的哪个阶段，你都需要安全基石。事实上，人生在世，你需要多个安全基石。你可以将这一系列安全基石视为一块安全基地。每一个安全基石，无论是人、目标、实物、事件、经历、符号还是其他对应之物，都是这块基地的组成部分。你是依靠这一基地与世界交流互动的。

如果没有安全基石做支撑，在情感上你会有疏离感和孤独感，继而你会陷入"刚愎自用"的泥潭（详见第六章），这是一种缺乏可持续性的领导力模式。仰赖安全基石的保护和激励，并不是一种软弱的表现；他人能够站在你的肩膀上看更远的风景，仅仅是因为你曾经受过别人的知遇之恩，正因为曾站在过别人的肩膀上，才有了现在的自己。思考一下，当攀岩者的体重大于保护者，或者攀爬难度极富挑战性时，保护者会找到一个基点让自己更加稳固。要么用绳子把自己牢牢固定在地面上，要么与更多的人一起拉住保护绳，这样才能站稳。

在诸多安全基石中，人和目标是最重要的两个。如果你的安全基石只有人而没有目标，虽然你能获得满满的安全感，但你会过于保守，不愿意承担必要风险，也就无法取得人生的卓越成就；也就是说，虽然你有归属感，但你并不会有因实现某一目标而产生成就感。如果你的安全基石只是目标而没有人，你或许能在物质财富上取得一定程度的成功，但你在人际关系方面，却成为一个"虚无的孤独者"。

安全基石之于人

首先，回顾人生各阶段，确定那些给予你安全感（"关心关爱"），激励你探索未知、追求成长发展（"勇敢奋激"）的人。[3] 如果这个人只能提供"关心关爱"或者"勇敢奋激"，他或许是一位好朋友或者是具有进取之心的同事，但并不是你的安全基石。虽然好朋友非常关爱你，但并不一定激励你走出舒适区，应对挑战，突破自我。虽然具有进取之心的同事或许会激励你为事业发展承担风险，但并不一定为你营造必需的安全感。你的安全基石应该是在你振翅高飞，不断发挥自身潜能的时候，支持和激励你的人。他们所传递的信息是你所听到的最鼓舞人心的。

就像前文所说，那些离世的人也可以成为你的安全基石，但前提是对于离世之人的缅怀追忆能够为你提供"关心关爱"和"勇敢奋激"，然后你会自信大方、自尊自爱地与世界互动。让我们看看下面这个故事。

父亲1999年不幸离世时，马诺洛陷入极大的痛苦中。他想起父亲的谆谆教诲，让他相信借助上帝的力量，自己可以应对一切。唯一阻碍自己的就是对自我潜能的不自信。对于马诺洛而言，父亲是激励他不断前行的动力源泉，"在长达15年的内战中，他胆识过人，保全了家人。父亲白手起家，是一个成功、智慧但又谦卑、温和的男人。时至今日，许多政治家和领导者仍然引用他的话语来应对困境，激励百姓"。父亲虽然离世，但仍能成为马诺洛的安全基石。"当我看着镜子时，我能看见父亲慈祥的面庞，他仍然在激励我不断前进。"马诺洛说。

在你确定好是自己的安全基石后，如果这些安全基石是人，而且还在世，正在不遗余力地为你提供勇于向前、获取成功的支持和力量，你应当心存感恩。心存感恩蕴含着强大能量，能够进一步深化自己与安全基石的依恋关系。

记住，安全基石绝不是尽善尽美、完美无缺之人，世间也绝无这样的人。因此，不要将你的安全基石或有可能成为安全基石的任何人放在"至尊至圣"的地位上，这会让你失望。

问问自己：
★ 我是否拥有足够多的伙伴，能成为自己的安全基石？
★ 在人生道路上，有多少可信赖之人能真正激励我应对挑战？
★ 在提升个人能力和专业素养方面，我是否拥有足够多的伙伴，能成为自己的安全基石？

安全基石之于目标

仔细回想你在人生道路上所设定的目标。你为什么要选择这一目标？是什么促使你要实现这一目标的？你是如何实现这一目标的？许多目标变成了安全基石，支撑着我们"长风破浪会有时，直挂云帆济沧海"。一路上，既有失败的痛楚，也有成功的喜悦。

琼·皮埃尔·海宁格是瑞士洛桑国际管理发展学院高效领导力项目的培训师，也是我们亲密的同事。他曾为自己设定了一个十分大胆的目标，即登顶瑞士境内所有4000米以上的山峰。有几次，眼看就要登顶，但由于气候原因，只能悻悻而归。24年来，他陆续登顶了51座目标山峰中的39座，并预计于2019年完成所有目标。

当把目标作为安全基石时，它能为你应对当下及未来的挑战提供力量。此外，当你回顾已实现的目标时，你同样可以从中获取力量。在人生道路上，目标能为你提供安全感，因为它们能在庸碌的尘世中，为你找到生命的终极意义。它们还能提供研究人员丹尼尔·平克所提及的内驱力三要素：使命感、掌控力和自主性。[4]

问问你自己：

★ 在人生道路上，我是否拥有足够的目标能成为自己的安全基石？

★ 我是否敢于走出舒适区，去获取或完成预期目标？

★ 我是否将目标分解成行之有效的具体步骤，并充分享受其中的乐趣？

安全基石之于其他

表7-1展现了各类安全基石。除了人和目标，事件（比如婚礼、毕业典礼、体育活动）、经历（比如大学生活、职务晋升、假日）、地点、信仰和符号都可以成为人们的安全基石。

对于那些在不同国家游历或者居住的人而言，祖国可以成为其安全基石。如果你的家乡在山间、海边或丛林里，这些环境最有可能成为你的安全基石。对于世界上的许多人而言，宗教信仰也可视为一种安全基石。在第四章，我们讲述了阿奇姆·卡米萨的故事，对于卡米萨而言，信仰便是他的安全基石。

表 7-1　安全基石类型

人	地点	事件	经历	目标
母亲	国家	婚礼	童年	完成商业目标
父亲	家庭	葬礼	青年	获得职务晋升
兄弟姐妹	自然	体育活动	学生时代	成为父母
伴侣	城市	灾难	寄宿学校	获得证书资质
老师	村庄	意外	大学生活	参加马拉松
教练	城镇	危机	为人父/人母	变更关系
上司	公园	毕业典礼	姻缘	疾病痊愈
权威人物	大海	孩子出生	组建家庭	
同事	山峰	订婚	求职就业	
下属	丛林	职务晋升	职业生涯	
朋友	沙滩			
祖先	办公室			

实物可以转化为安全基石。儿童拥有格外中意的毛毯或者毛绒玩具，网球运动员有特殊意义的球拍，许多人所拥有的珠宝首饰，都能给予他们安全感和自信心，激励其不断探索未知。在许多情况下，提供这些实物的人就是你的安全基石。

你的日常活动也能成为安全基石。如果你每天都跑步、写日志或冥想，这些活动会给予你面对世界所需要的舒适感（"关心关爱"）、能量和激励（"勇敢奋激"）。让我们看看下面这个故事。

悉妮有写日记的习惯，她每天都将自己的想法和感受写下来。这种回顾反思帮她变得更有自我意识。写日记所生发的自信心与日俱增，她不停地写，不停地写，最终出版了一本书。对悉妮而言，写日记的过程就是安全基石。

对于有些人，公司品牌也可以成为安全基石。美国强生公司的一位员工说："我体内流淌着强生的血。"[5] 遗憾的是，这种与公司建立起来的深厚感情，现在越来越少了。

问问自己：
★ 在我所任职的公司当中，我对哪几家公司的商标、符号或品牌有强烈认同感？

记录并拓展安全基石

为了更全面地了解你所拥有的安全基石，请填写表7-2。填表时，务必记住安全基石的定义：安全基石是为勇于探索、承担风险、应对挑战提供保护感、安全感、关怀感，以及激励和力量的人、场所、目标或者事物。

表7-2 你的安全基石

人	地方
事件	经历
信仰	目标
符号	其他

你可能有许多安全基石。请务必明晰自己当下安全基石的拥有状况，确保其中既有人又有目标。记住，安全基石不一定永远存在，有些安全基石如匆匆过客，这很正常。因此，安全基石的持续时长有短

第七章 强化你的安全基石

有长。例如，虽然在学生时代，大学教授对于你的成长成才至关重要，但是在你步入社会后，对你有知遇之恩的上司或许会接过安全基石的大旗。

人生变迁，你会像下面这个故事中的主人公戴维一样，自然而然地失去某些安全基石。

戴维是一家医药器材公司的高级经理。长期以来，他在欧洲的大多数分部任职过，是公司的中流砥柱。离职后，戴维来到了一家大型跨国公司。按照公司要求，戴维不得不离开母国法国，远赴美国，负责该公司美国分部的运营事宜。上任伊始，戴维便投入到紧张的工作中，熟悉业务、了解同事和下属。可6个月后，由于业绩下滑，他的自信心开始动摇。全新的公司、全新的工作环境，他未能建立起紧密的纽带关系，于是开始想念之前公司的规章制度以及所获得的支持。他也怀念前公司的顶头上司的知遇之恩——当年，这位上司将还是商学院学生的戴维招进了公司，并在其职业道路上不断给予关心和鼓励。除了工作上的不如意，在将组建不久的家庭带到全新的国家后，戴维也遇到了麻烦。与先前在欧洲工作时的相濡以沫不同，来到美国后，妻子不能适应新环境，夫妻生活出现了摩擦和裂痕。这使戴维备感孤独，一时不知向谁寻求支持。

由于工作上的变迁，戴维失去了家乡、母国、公司、同事、上司等安全基石的庇护，并短暂地失去了妻子的有力支持。戴维需要新的安全基石，以便将"心灵之眼"聚焦于积极面，并拥有适应新岗位所需要的足够能力。如果你也失去了自己的安全基石，我们将提供一些寻找新安全基石的小技巧。

寻找新的安全基石

通过了解所拥有的安全基石，你能分辨安全基石需具备哪些特点。这一认知能帮助你找到新的安全基石，无论这个安全基石是朋友、同事，还是伴侣。记住，如果你没有自己的安全基石，你便无法成为他人的安全基石。

以下是找到安全基石的小技巧：

- 找寻一个能够让你实现梦想的安全基石。如果你想成为首席执行官，找寻一个知晓如何成为首席执行官的人做你的安全基石。
- 确定好那些能够成为安全基石的人时，描述你当下的境况以及你所需要的支持。请他激励你不断突破自我，应对挑战，最终实现目标。
- 将内心梦想转化为具体可行的目标，即安全基石。如果你的梦想因人生变迁而发生变化，那就要花时间思考，找到新的梦想。这是我们在未来想要获得的东西，动力、乐趣和希望的源泉。人生在世必须要有梦想。

领导力根源

虽然职业角色很重要，但它只是你全部身份的冰山一角。每个领导者背后都有跌宕起伏的故事，他们当下所做出的决定都受到之前经历的影响。作为领导者，你的过往隐藏着许多有用的东西，特别是那些经历痛苦后获得的宝贵经验。人生如织锦，是由各种经历、事件和回忆共同编织而成。人生道路上，你所学到的、观察到的、体会到的一切，会慢慢变成你的习惯，并积淀下来。

通过对生活过往正面与负面经历的认识，以及我们称之为"领导力根源"的领导力故事的了解，你会更清晰地知晓安全基石将会如何提升你的表现。同时，改变那些你曾经惯用的低效率领导力模式，将释放你的领导力潜能。从此，你将不再被过往经历推入"人质劫持事件"。

思维定式的形成

你的领导力质效不过是过往经历的延伸。无论是在课堂上，还是在商界实践中，我们有幸与诸多高级管理人员共事，我们最大的收获是，亲眼见证那些尖酸刻薄的领导者恍然大悟——自己的"尖酸刻薄"并非先天带来的，而是来自早年的经历。这些管理者会意识到，刚愎自用、不择手段的领导力方式皆是后天习得的，且都与早年经历息息相关。长期以来，他们被内心的自己欺骗，他们认为同事效率低下；工程/营销/销售人员皆履职不力，并抱怨指责。这让他们成为"虚无的孤独者"，其实他只是重复过去的思维定式，以此自保。

让我们深入探究这些思维定式是如何形成的。你的过往经历和所遇之人，让你逐渐形成了自己的思维方式、信念信仰、观察角度及知识学问。最新神经学研究结果表明，大脑深处，过往经历会留下深刻印记。某些特定事件与状态具有相互对应的关系。当下所遇到的事情可能会将过往的某种状态激活，比如恐惧。[6]

例如，如果你拥有一个快乐且正能量满满的童年，父母、祖父母给予你充分的关心关爱，你便能看见与人建立紧密联系的益处。另一方面，无论出于何种原因，如果你童年不幸，并没有获得关心关爱，你或许会认为除了自己，你不能依靠和信任他人。你或许也会成为

"虚无的孤独者"。

随着年龄的增长，无论是作为生活中的伴侣或是父母，还是作为工作中的领导者或是追随者，你都会将对他人的认识留在你的思维中。

鲍尔比将这些根深蒂固的认识称为"心智模式"。他强调，虽然无论面对什么样的关系纽带，我们总会保有一些习惯性认识，这些认识是后天习得的，而不是与生俱来的。既然是后天习得，就说明可以原封不动地物归原主。一些认知虽然根深蒂固，但你仍然保有处置权。虽然并不容易，却是有可能做到的。

"这就是我的处事方式""这是我的个性""我一直如此"……人们常常为自己的不恰当行为找借口。这些托词都与事实不符。如果你将自己的行为归因于一种看不见、摸不着，且无法改变的神秘力量，这说明自己被过往经历劫持。

一名学员曾向我们讲述，在他早年的求学生涯中，有一位老师不断地对其进行语言贬损，说他不是聪明的学生，以后肯定一事无成。老师的负面评价严重干扰了他对于自身能力的正确评价，首先是智商，其次是其自身所蕴含的潜能。后来，他终于意识到，老师对他的评价错得多么离谱，这种错误评价严重干扰了他的自我认知。在邓肯和这位学员的共同努力下，他慢慢将老师的错误评价从脑海中摒弃，对自身的真实潜能和能力做出了正确评价。课程结束时，他决心在工作中做出改变。几个月后，我们收到了他的一封信。

今天，我被公司任命为董事会成员。写这封信，是想告诉你们，正是因为我终于去除了中学老师刻在我脑海中的负面评价（"你还不够好"），才最终获得这一任命。不瞒你们说，当公司高层询问我的意向时，这个负面评价又萦绕在我脑海。好在我镇定自若，告诉自己一切尽在掌握中。职务任命既是对我勤恳工作的积极肯定，也是我真实能力的体现。

我感觉现在已经做好准备，我将自信地接受这一任命。

你的领导力生命线

人的经历，到底与安全基石和领导力有什么样的关系？在回答这一问题前，我们先思考这样一个问题：伟大的领导者是天生的，还是后天培养的？答案是后天培养的。这是我们调查研究中得出的结果。领导力是人生经历和有针对性地培养的产物。潜能型领导者洞见过往经历所蕴含的巨大能量，充分了解自己的观念、习惯和思维定式等是如何影响领导力的。过往经历既包括积极正面的、能量满满的方面，也包括消极负面的、不堪回首的方面，其中所蕴含的智慧启示、经验教训令人受益匪浅。对过往经历的回顾，会使你对那些塑造自我的人、经历和事件倍加留意，这让你有意识地自主选择安全基石，以让你在未来的道路上勇往直前。

潜能型领导者必须对过往经历是如何影响当下的发展的有一个整体认识。然后，在这个认识的基础上，形成新的行为习惯和思维定式。领导力生命线和领导力根源调查问卷这两大工具，能够帮助你辨识定式，以便将你的领导力从低效思维认识中解放出来。这两大工具，也能帮你提升自我认识，从此走向高效领导力的康庄大道。如果你愿意深入探究自己的过往经历，特别是由过往经历形成的思维认识，你便能改变人生。

小技巧：分享你的生命线

找一个人，一起制作生命线，即展示过往经历。当你分享过往经历并向对方倾诉时，便能提升自己的学习体验。你的分享对象可以是伴侣、朋友、同事或家人。

当你讲述过往经历时，即讲述人生某个阶段的故事和主题时，你将对过往有更深刻的认识。其间，他人不时提出的问题能提升你的洞察力，甚至让你有醍醐灌顶的感觉。在这一过程中，你也能加深对别人的了解，这会使得你们之间的纽带关系更加牢固。

如果只是你一个人，而不是多个人进行这项练习，你将无法对过往经历有深刻的体悟。

按步骤绘制你的领导力生命线，这将花费 45 分钟至一个小时。

1. 取一张纸，画出如图 7-1 所展示的模板。

2. 以年为单位将你的过往经历分为若干等份，并标注具体年份。当然，以十年为单位划分也没问题。

3. 从童年到当下，选择最重要的事件，既包括积极正面的，也包括消极负面的，把它们写在便利贴上，并标注该事件发生的年份。然后，按发生时间和重要性进行排序筛选。一般来说，15 至 20 个事件最好，不仅便于分类管理，而且也足以概括过往的人生历程。

4. 为每一个事件打分。积极正面的事件，分值为 0 至 10；消极负面的事件，分值为 0 至-10。打分标准可以很主观，就根据事件发生时的真实感受。比如，同样是被领养，有的人打 7 分，有的人可能打-10 分。

5. 根据事件发生的对应年龄与分值坐标，为每一事件画一个圆点，并将事件名称写在旁边。

6. 将圆点连接，就形成了你的领导力生命线。

7. 使用下列问题和领导力根源调查问卷，深入思考那些对你的人生造成过重大影响的事件。

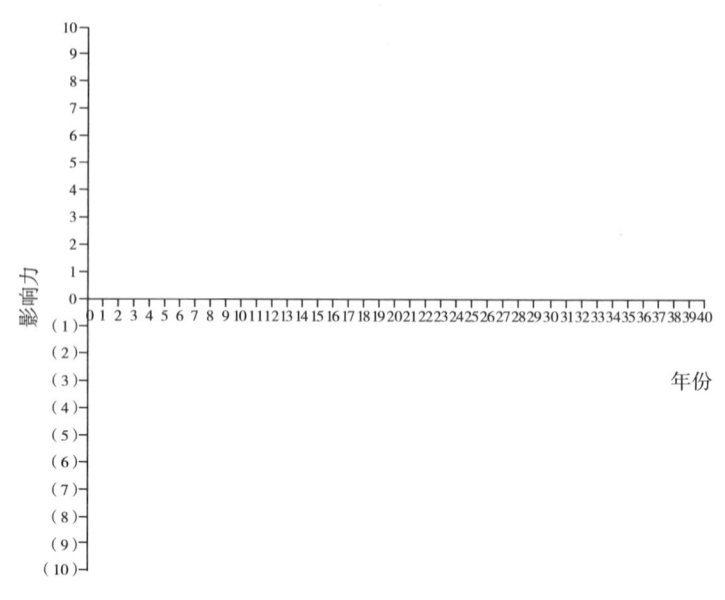

图 7-1 领导力生命线

安全基石

想一想那些对你影响最大的人：母亲、父亲、祖父母、老师和其他重要人物。

- 他们是如何影响你的？
- 你在哪些方面与他们相似？
- 你在哪些方面与他们不同？
- 他们是如何激励你的？他们说过什么？
- 他们如何影响你的领导力？
- 他们如何影响你与他人建立纽带关系？

失丧与悲伤

亲人离世、关系破裂、重大健康问题，以及生理上、语言上或性方面的虐待，这些都是重大失丧（失去的可能是人、机会或清白等）。

还有一些虽然影响较小，但也可以称之为失丧的事件：最喜欢的上司的离职、不能随心所欲地做自己想做的事情。

- 你经历过什么样的失丧？
- 你是否为这些失丧感到悲伤？
- 你是否找到了全新的安全基石？
- 谁最应该成为你的安全基石，但却没有？

冲突

- 在人生道路上，冲突是如何影响你的？
- 你从哪里学来的应对冲突的技巧？
- 谁教会的你应对冲突的方法？
- 你有哪些冲突经历？从人和事件中，你形成了怎样的应对冲突的观念？

8. 接下来，看看你的领导力生命线，注意那些有相似内容的事件。比如，你与权威人物发生的冲突的根源是否来自你与父亲的矛盾？你极力规避冲突是否与你小时候的家庭环境有关？你所拥有的内驱力和进取心是否源自你童年时期获得的奖励？总之，你当下的行为举止与你过往的类似经历息息相关。

下面这个故事中，通过体验领导力生命线，菲利普生成并深化了新的思维认知。

在人际交往方面，菲利普一直表现很差。他将其归因于父亲在自己很小的时候便因车祸不幸离世，因此他的成长之路上缺少父亲这一角色。通过绘制领导力生命线，他尝试与他人讨论自己的过往经历，这让他意识到，相较于父亲的不幸离世，与母亲的关系才是其无法处理好人际关系的根本原因。母亲因丈夫的突然离世悲痛欲绝，始终无法从痛苦中走出来，因此将儿子送往寄宿学校。母亲的这个决定不但让菲利普失去了父亲这一宝贵的安全基石，也失去了母亲这一安全基石，同时也失去了正常的家庭生活。生活的不幸带来的愤懑之情始终积压在菲利普心中，这导致他失去了几段恋情，对工作也漫不经心，并被别人疏离。当他知道这一消极思维认知带来的破坏力时，便积极尝试做出改变，用悲伤化解失去安全基石的失丧，他最终选择了原谅母亲，也释放了多年来积压在内心深处的愤懑之情。如今，在日常工作和生活中，他都建立了良好的人际关系。

一定要留意领导力生命线中那些没被选择和记录的事件。这些被筛选下来的过往经历，可能与你形成的思维定式相关联。

9. 最后，写出下列问题的答案。
- 在人生道路上，最让你感激的事是什么？
- 最令你受启发的事是什么？
- 你的梦想是什么？

领导力根源调查问卷

本书的大部分研究成果均源自领导力根源调查问卷。通过回答问卷，你不仅能够确定过往经历中哪些重要事件应该纳入领导力生命线，而且对能够真正促进你成长的安全基石有更深刻的认识，从而为你当下和未来的生活提供支持。

仔细思考下列问题，然后写出答案。或者为了取得更好的效果，让关系密切的同事、朋友、伴侣或安全基石将问题读给你听。

1. 童年或青年时代以来，是否有人帮你建立自信心，并激励你发挥潜能？

2. 想一想一些人物在某一时刻给你带来的重大影响，而这一影响至今还对你产生作用。

3. 在你童年或青年时代，那些对你产生影响的人，都采用了哪些方式？

4. 那些影响你的人当中，有没有人对你的领导力产生过影响？如果有，是谁？又是以何种方式影响你的领导力的？

5. 在成年后的职场上，是否有人帮你建立自信心，并激励你发挥潜能？

6. 回想这些人物给你带来重大影响的时刻。他们对你说过或做过什么？

7. 成年后，是否有人在日常生活中帮你建立自信心，并激励你发挥潜能？哪一件事让你感受到他人重视和体会到他们给你带来的影响？

8. 有时并不是某个人激励了你，而是目标、想法、梦想、事件激励了你。你是否遇到过这种情况？一个抽象的安全基石是如何影响你的领导力的？

9. 你帮助别人建立自信心，并激励其发挥潜能时，你是怎么说和怎么做的？对你的帮助和激励，他有什么反应？

10. 在日常工作生活中，想一想你所遇到的失败、挫折或危机。当时，你在向谁寻求帮助？为什么？别人说过或做过什么，如何帮你渡过难关？

11. 在工作上，你是否遇到过不知道向谁寻求支持和激励的迷茫时刻？如果遇到过，这对你造成了怎样的影响？

期待强烈的经验和强烈的结果

对于许多领导者而言，繁忙而高压的生活是常态。因此，他们鲜有机会或时间进行回顾和反思。然而，在管理学大师彼得·德鲁克看来，行动后的静思，能更好地提升行动效果。我们发现，绘制领导力生命线就是有效的反思形式，因为这通常是高级管理人员首次去辨析其领导力来自哪里。他们会逐渐认识到，他们还没有从过去的某些经历中走出来。回顾和整理的过程，或许会伴有强烈的情绪波动，且异常艰难，但最终他们会变得豁然和释然。

回顾过往，接受经验教训，是需要勇气的。许多人不愿意面对这一考验，将其视为不堪回首、不愿回首的心理负担。人们之所以抗拒，其原因在于他们还没有做好面对现实的准备。过去产生的恐惧感如此强烈，致使他们无法回头，更不能释怀。然而，根据我们的经验，那些勇于面对过往，并充分了解过往是如何影响其行为的人，最终会从一些错误的心理认知和思维定式中走出来。通过训练和引导，他们能够改变习惯，并最终转变其身份认知。

领导力生命线训练或许会唤醒你潜意识里的记忆，甚至让你彻夜难眠。如何从以前的心理认知中走出来，你可以向安全基石寻求帮助。

领导力生命线训练为什么值得我们投入精力和勇气，请看下面这个案例。主人公马里奥是一位高级管理人员。小时候，父亲经常对其责骂和体罚，长大后他无法摆脱心理上的这种负面影响。工作中，他成为一个恃强凌弱、横行霸道的人。通过领导力生命线训练，他意识到自己的这种管理风格与小时候的经历密切关联，通过不懈努力，慢慢改善了自己的行为举止。

在高效领导力课程的最后一天，我与乔治谈论了自己看心理医生的可行性。在离家不远的某诊所，乔治为我推荐了一位心理医生。最初的两三个月，我每周都与心理医生会面一次。在医生的帮助下，我逐渐将梦魇般的心理认知逐个突破，并最终摒弃。在高效领导力课堂上，我记得培训师邓肯说："你没有任何问题。你只是需要摒弃一些过去的心理认知。"他是对的。我尝试让自己变得冷静和沉稳。这是我一直追寻并最终突破的开始，即从过往没有关爱的怨恨中走出来。我的内心曾经充满挣扎和紧张，一直深陷焦虑不安、惊慌恐惧、偏激好斗等负面情绪中。令人感慨的是，这一突破对我成为杰出的公司领导者，以及更称职的父亲和丈夫有多么重要。高效领导力课堂另一个观点让我非常认同："真正的幸福在于放弃——过去各种遗憾和不甘。"类似观点还有很多，简单易懂。我感谢瑞士洛桑国际管理发展学院的教职员工、培训师以及心理医生为我所做的一切。现在，我每个月与心理医生会面一到两次，谈论各种事情。我很享受那些思考过程，以及心理医生的分享和意见。

相较于马里奥的遭遇，许多领导者要幸运得多。即便如此，如果让领导者了解过往经历是如何影响当下工作和生活的，领导力生命线训练确实非常有用。

做自己的安全基石

人的一生，可能会有很多安全基石，它们交织成网，内化于心。当然，这并不意味着你不再需要外部的安全基石。实际上，如果你没有其他安全基石，就不可能成为自己的安全基石。如果你不能给予他人足够信任，使其成为你的安全基石，那么做自己的安全基石将是空话。做自己的安全基石并不是让你成为"虚无的孤独者"，一切事情都要靠自己，做孤胆英雄，而是要相互依赖，汲取彼此的力量。

拥有强大的安全基石，尤其是人和目标的安全基石，能够让你树立自信心和自尊心，在面对生活中的困难时，你都可以从自身获得巨大的能量。让我们看看下面这个故事。

2008年，在英国西萨塞克斯郡的沃辛医院，61岁的亚历克斯·伦凯伊在没有采取任何麻醉措施的情况下接受了手部手术。他可能是首个以自我催眠取代麻醉的病人。他的外科医生戴维·卢埃林·克拉克也批准了他的这一请求。手术过程包括在他的右腕切开一条四英寸长的口子，在口子里凿出一片核桃般大的骨头和移动一条肌腱。亚历克斯是一名注册催眠师，从16岁执业至今。他忆述道："我用了30秒催眠自己，之后便全身失去了知觉。我感觉到医生在为我推拿——听见骨头裂开的声音。我还听到'可以把锯子给我吗'，我想象着他手中拿着那把大家伙。不过幸好又听见'我想我们要用那把较小的器具'。他们对我又锤又凿，我感受得到手术过程，他们的对话我都听见了，但一直没有任何痛感。"[7]

亚历克斯相信自己，也相信自己的催眠技术和成为自身内在安全基石的能力。他并未因自我怀疑而不顾及手术过程，而是保持镇定，紧盯目标。外科医生的全力支持意味着他也是亚历克斯在手术过程中的安全基石。

做自己的安全基石是一种解放自我的经历，它保证你不会被自己或其他任何人的恐惧所劫持。

如何才能知道成了自己的安全基石？如果你一直聚焦于积极面，即使面对不利境况，也能保持镇定，避免先入为主地评判他人，我们便说你拥有了自己的安全基石；如果你能够压制内心让自己屈服的声音——因他人或自己的原因使自己踟蹰不前的内心声音，并能够承受日常生活的压力，我们便说你拥有了自己的安全基石。让我们看看传奇自由攀岩者凯瑟琳·苔丝蒂韦尔的故事。

没有绳索，也没有其他外在安全装备，凯瑟琳·苔丝蒂韦尔倾其一生都在用自己的方式在世界各地攀岩。如此危险的极限运动，注意力的任何松懈都会导致命丧谷底。在访谈中，她说："攀爬时，我没有过度考虑危险的存在，只是专注于攀爬。如果我还在攀爬，唯一的解释便是我还相信自己。"谈及自己取得的成功，她认为有五个重要因素：

- 对于成功的清晰定义。
- 能够容忍巨大的痛苦和不安。
- 完全的准备。
- 合理有效的支持系统。
- 激情。

虽然凯瑟琳不需要任何保护，但她攀爬起来与其他攀岩者一样稳健。凯瑟琳的父亲是一名户外运动爱好者，更是攀岩发烧友。作为长女，凯瑟琳在很小时便被父亲带到巴黎附近的枫丹白露森林玩耍，户外运动的兴趣是从小培养的。13岁时，她便开始攀岩活动。

凯瑟琳的故事充分说明，长期而正确的训练方式以及合适的榜样或教练，是可以让人摆脱恐惧劫持，成为行家里手的。在自由攀岩的过程中，因为拥有以人和目标为长期的安全基石，这让凯瑟琳成了自己的安全基石。她强有力的支持系统、丰富的经验、自信心和目标，实际上取代了真实的保护措施或保护者。

如果你小时候在家庭生活中拥有强大的安全基石，你或许能在严峻的新环境下做自己的安全基石。从安全基石中得来的韧性和自信心，再加上你的目标安全基石，即使面临新环境，也能让你获得你所需要的"关心关爱"和"勇敢奋激"。

> **学习重点**
> - 自我认知是潜能领导力的重要组成部分。
> - 你需要若干安全基石，包括人和目标。
> - 你当下的领导力是过往经历的延伸。
> - 过往经历将促使你形成一系列的行为习惯和思维定式。
> - 通过了解领导力的根源，你将不再被过往经历劫持。
> - 知晓和建立外在安全基石，能帮助你成为自己的安全基石。

常见问题

问题：在工作中，为什么我一定要深入探究自己的个人生活？

回答：工作是个人生活的延伸，两者不可分割。你拥有一个大脑、一副皮囊、一种认知体系以及同一过往经历和人际关系。如果你无法从总体上充分认识自己，你便无法提升自我认知水平。由于领导力的根源来自个人生活，因此，个人生活与提升领导力水平密切相关。

问题：我是否应该去看心理医生？

回答：并不是所有领导者都需要去看心理咨询师。如果你知道过往经历中的某一段仍然在困扰你，即使阅读了本书，你仍然无法从过往的阴影中走出来，那么，我们强烈建议你寻求专业帮助。寻求专业帮助不是软弱的表现，而是要变强大的手段，是追求卓越的决心。我们知道，许多取得过卓越成就的首席执行官和其他管理人员，寻求过专业帮助。如果选择专业支持，你将体会到巨大的作用。

第八章
成为他人的安全基石

在成为领导者之前，成功的全部就是自我成长。在成为领导者之后，成功的全部就变成了帮助他人成长。

杰克·韦尔奇 | 通用电气集团前主席兼首席执行官
（1935—2020）

克劳德·海宁格是瑞士洛桑布勒歇莱特一家飞行学校的教练。2001年1月29日，他与一名拥有1300小时飞行时长的学员进行空中练习。飞机起飞后，机身右侧起落架上的一个锁销突然脱落，导致部分起降装置陷入瘫痪。飞机攀升至正常飞行高度后，通过对故障的评估，克劳德意识到，他们可能要在起落架无法正常运转的情况下迫降。

克劳德的第一反应是迅速接替学员的主驾驶位，完成后面的飞行和着陆操作。然而，作为指导教练，他改变了主意。通过简要交流，克劳德评估学员是否做好了迫降准备。果然，学员并没有被突如其来的机械故障吓倒，而是继续沉着地驾驶飞机。学员良好的状态使克劳德决定继续扮演好自己的教练角色，他便对飞机的整体状态进行评估。后来，克劳德说：“实际上，学员承担了整个飞行任务，而我只是提供支持，为他提供指导意见。我们明确分工，各司其职。当时，日内瓦国际机场主跑道为此关停了几个小时。我们按照飞行守则完成了所有操作指令。由于起落架故障，飞机偏离了跑道，最终停在旁边的草坪上。我们在确保自身生命安全的前提下，尽量减少对飞机的损坏。"

克劳德回忆道："面对突发状况，要抑制住自己包办、代替和掌控一切的冲动。这虽然很难，但应该成为各行各业的一条铁律。出现问题时，指挥官不是唯一开动脑筋的人，为了更好地统筹全局，他应该提供后备支持，将具体事务尽可能地分派给别人做。"他补充道，"学员需要成长，我不应该越俎代庖。放手让学员去尝试、去磨砺，本质上是一种权力的交接、能力的传承和观念态度的传递。"

可以想象，在高空飞行中，面对突然出现的机械故障，克劳德迅速接管飞机应该是自然和本能的反应。然而，克劳德的举动完美展现了潜能领导力的理论实质。一方面，通过简要交流，克劳德给予学员充分的支持和信任。另一方面，克劳德大胆的想法也给予自己和学员承担必要风险与学习提升的宝贵机会。就像克劳德说的那样，面对突发状况，抑制住自己包办一切的冲动绝非易事。遏制本能冲动且提供保护感、安全感和舒适感，做他人勇于探索、承担风险、应对挑战的力量源泉，这意味着必须转变自己的思维方式，但这就是潜能型领导者的使命。

应该留意的是，克劳德的第一反应是想接替学员驾驶飞机，完成后续的飞行和着陆操作。然而，克劳德没有这么做，这充分说明了他在有意识地扮演潜能型领导者的角色。克劳德这种潜能型领导者行为习惯的养成得从他的父亲说起。他的父亲是一名虔诚的传教士。克劳德与其他兄弟姐妹的童年是在老挝度过的。父亲一直鼓励他参与一些有意义的活动。克劳德14岁时，父亲就让他驾驶越野吉普车穿越丛林。父亲给予克劳德"关心关爱"，引导他"勇敢奋激"的记忆一直伴随着他成长，对他的领导力的塑造发挥了重要作用。作为一名飞行教练，他需要保持良好的状态，做学员们思想上的坚强后盾。我们能够想象得到，在飞行这种高压状态下，"杏仁核劫持"（详见第二章）现象是会发生的。

你也能够通过学习掌握相关思想和言行，成为他人的安全基石，本章将提供一些具体指导。首先，我们将依据第二章到第六章中探究的潜能领导力九大特质进行自我评估，以确定这些特质培养的优先次序。随后，针对如何更好地与他人建立联系，我们将提供三个方法：形成安全的依恋模式、了解发出和接收的信号，以及提升深度对话能力。三种方式事关潜能领导力的积极塑造，也事关在日常工作生活中与人交往所秉持的方式。

—— 确定培养次序 ——

无论你目前掌握了多少潜能领导力特质，你都可以继续精进，以更有效地提升具有个人特色的"关心关爱"和"勇敢奋激"水平。与潜能领导力相关的所有思想状态和行为方式，并非每个人都能具备和做到，就是说没有哪一个领导者能完美具备潜能领导力九大特质。

首先，让我们回顾第二章至第六章中潜能领导力行为的自评结果。然后，使用图 8-1 所示的潜能领导力特质大转轮，进一步评估自己的优势领域以及有待提升的方面。通过在轮辐线上标记相应的点，记录每一特质在你身上出现的频率。将每一个点连接起来，形成个性化雷达图，就能看到你有待提升的方面。[1]

当你明确了自己的潜能领导力特质的培养次序，就可以到相应的章节（详见表 8-1），寻求针对性的具体指导。

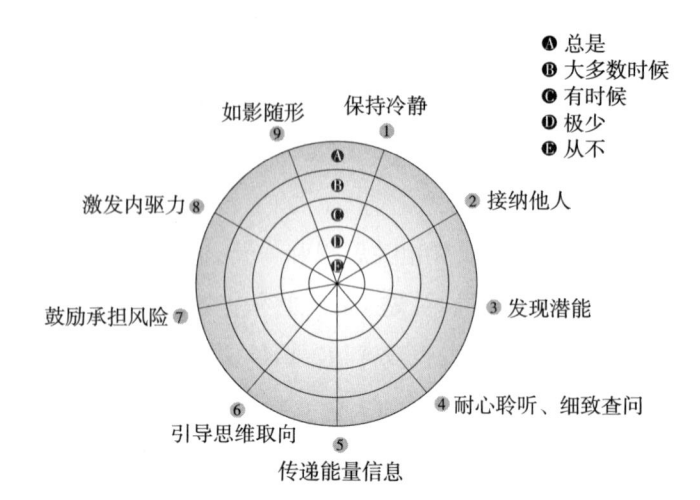

```
          ▲ 总是
          ⓐ 大多数时候
          ⓒ 有时候
 如影随形  保持冷静  ⓓ 极少
   ⑨        ①      ⓔ 从不

激发内驱力 ⑧            ② 接纳他人

鼓励承担风险 ⑦           ③ 发现潜能

           ⑥        ④ 耐心聆听、细致查问
      引导思维取向  ⑤
           传递能量信息
```

图 8-1　潜能领导力自评

表 8-1　各特质所在章节

特质	对应章节
1. 保持冷静	2
2. 接纳他人	3
3. 发现潜能	3
4. 耐心聆听、细致查问	4
5. 传递能量信息	4
6. 引导思维取向	5
7. 鼓励承担风险	5
8. 激发内驱力	6
9. 如影随形	6

问问自己：

★ 哪一个特质我做得较好？

★ 哪一个特质还有提升空间？

★ 我想优先培养哪一个特质？

★ 作为领导者，哪一方面的提升能使我受益最大？
★ 关于这九种特质，团队成员会如何评价我？

成为潜能型领导者并无规律可循，也没有标准流程，而是需要经过时间的积淀。当然，像保护者能在几分钟就能掌握保护的理论性和技巧一样，你也可以很快学会成为潜能型领导者相关的理论技巧。但如果想熟练掌握保护者的技巧，就需要反复训练，形成肌肉记忆。也就是说，你需要形成全新的自我认识，在自我更新方面，大脑拥有足够的潜能。你只要不断地训练，以及得到导师、教练或者安全基石的帮助。

"**错误观念：领导力是天生的。**
这一观念是错误的。领导力是后天习得的，开始于童年并贯穿于一生。你可以打破旧的自我认识，建立新的自我认识。"

—— 形成安全的依恋模式 ——

要成为潜能型领导者，你需要知晓自己固有的人际交往模式，并在适当情况下做出转变。这些交往模式就是"依恋模式"的具体体现。"依恋模式"指的是你与他人交往时，体现潜能领导力的方式。因此，如果你想在工作和生活中成为他人更好的安全基石，必须对自己的依恋模式有所了解。

首先，你应该了解自己本能的和最开始的依恋模式，并注意观察这一依恋模式在面临压力时会有怎样的变化。你最终的目标是形成潜能领导力所需要的依恋模式，还有就是在该依恋模式发生变化时，如何将其恢复常态。

研究结果显示，依恋模式形成于童年时代，并持续到成年时期。[2] 依恋模式研究领域专家，金·巴塞洛缪表示，人们头脑中，涉及人际交往的依恋模式包含两大维度："自我认知"维度和"他人认知"维度。两个维度的认知既有积极正面，也有消极负面的内容。"自我认知"维度指的是我们对自己的看法与认知，比如"我是称职的""我将获取成功""我一定能做到"。"他人认知"维度指的是我们对他人的看法与认知，比如"别人是值得信任的""别人能帮助我""别人是可以仰赖的"。因此，你的依恋模式风格便是由这两个维度交汇而形成。[3]

我们对巴塞洛缪的研究成果进行梳理，形成了图 8-2。这张图展现了在潜能领导力的实践背景下，依恋理论是如何应用的。同时，我们将埃里克·伯恩的交互分析理论融入图中，以便读者进行自我评估，了解依恋模式的变化和转换时机。依恋模式的变化取决于外部环境和

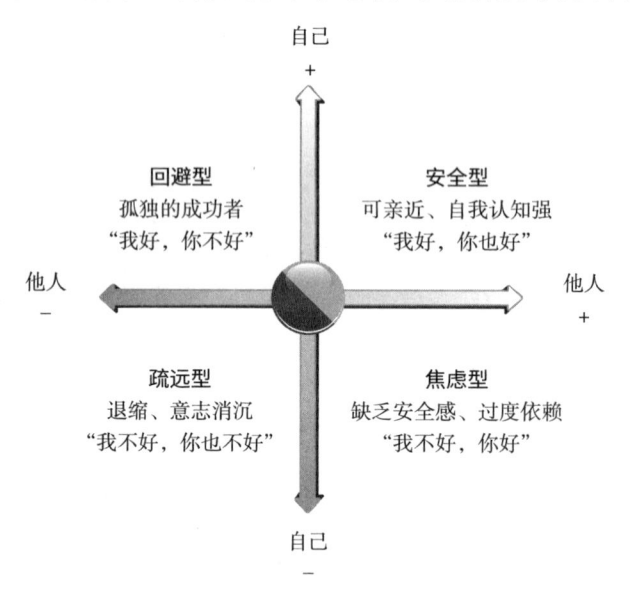

自己 +

回避型
孤独的成功者
"我好，你不好"

安全型
可亲近、自我认知强
"我好，你也好"

他人 − ←→ 他人 +

疏远型
退缩、意志消沉
"我不好，你也不好"

焦虑型
缺乏安全感、过度依赖
"我不好，你好"

自己 −

图 8-2　依恋模式象限图

内部的自我认知。

下面，我们分别介绍图中四种依恋模式的具体感受、想法和行为方式。阅读过程中，将你的实际情况与四个象限进行比照，同时，试着思考下列问题。

（1）**儿童时期，你身边的人主要是哪一种依恋模式？**

总体上看，你的依恋模式可能来自父母。不过，在成长过程中，你的依恋模式会发生变化。随着自我认知的改变，你的依恋模式也会随之改变。如果没有自我反思和主动地改变，你过去的自我认知便会干扰你形成正确的领导力模式。

（2）**在面临压力时，你倾向哪一种依恋模式？**

留意你在不同情况下所展现的不同依恋模式。重要的是，注意面临高压时，你的依恋模式变化倾向。大多数时候，你会倾向于安全型依恋模式，但面对压力时，你可能滑入其他三种依恋模式。这也是为什么我们在介绍四种依恋模式时，会分为顺境和逆境、积极正面和消极负面，并附上对应的感受和行为方式。

（3）**有时候，行为方式是否与自己主要依恋模式密不可分？**

当你了解不同依恋模式的具体感受、想法和行为方式时，一定要记住，这都是某一时间段内的状态。即便一个拥有安全型依恋模式的人，也会在某些时刻表现出其他依恋模式的行为方式。

1. 安全型依恋模式：自强不息

在顺境中，作为领导者，你是否：

- 聚焦于任务、行动及将工作保质保量地完成？
- 聚焦于与你并肩作战的同事——给予他们关心关爱、有力支持，鼓励他们勇敢奋激？

- 致力于与团队其他成员通力合作,实现目标?

在逆境中,作为领导者,你是否:
- 充分知晓什么样的意志和行动能有效扭转局面?
- 感到沮丧或疲惫时,给自己一些空间去消解它们?
- 坚信"抱有什么样的应对态度,就会造就什么样的结果",并及时向某个安全基石寻求帮助?

如果上述回答大多是肯定的,说明你很可能属于安全型依恋模式。

安全型依恋模式与"自强不息"理念息息相关,它为人们提供关心支持、安全舒适以及自信心的同时,鼓励人们承担合理风险,探索未知、开拓创新和不断进步。本章开篇的故事,主人公面对突发状况保持镇定,鼓励学员完成飞行操作,其思想状态和行为方式堪称安全依恋模式的典范。

如果你也属于这一风格,你将:
- 能够镇定自若地应对矛盾冲突。
- 真实坦诚地与人相处。必要时,不害怕向他人请求帮助。
- 不会过度保持防御姿态,不会感情用事。
- 当有充分事实佐证某一观点时,以开放的态度和宽广的胸襟转变立场。
- 耐心倾听,仔细思考他人的话。
- 为自己设定高标准挑战目标,但不对自己或者他人抱有不合理的期望。
- 面对危机时沉着冷静。
- 拥有良好的沟通能力,自信大方地与他人分享自己的故事。

- 拥有不断进取的思维方式，保持好奇心和开放意识，学习欲望强烈。
- 拥有适度的自信心、自尊心和自我价值感。

如果你属于上述描述的风格，并希望在面临压力时也能保持安全型依恋模式，成为他人稳健的安全基石，可以考虑如下方法。
- 进一步提升自我认知水平。
- 加强情绪管理和"自强不息"理念的践行。
- 成为他人的榜样，激励引导他人进入安全型依恋模式。
- 与你的安全基石产生共鸣，并以其为榜样。

2. 回避型依恋模式：刚愎自用

在顺境中，作为领导者，你是否：
- 聚焦于任务、行动以及将工作保质保量地完成？
- 拥有强大的内驱力，崇尚自力更生，渴望自主权？
- 能够实现预期目标？

在逆境中，作为领导者，你是否：
- 要求"按我的办法去做"？
- 胁迫和操纵他人？
- 面对压力时，自己单干？

如果上述回答大多是肯定的，你很可能属于回避型依恋模式，成为"虚无的孤独者"。

不用担心，你并不是唯一拥有这一模式的人。实际上，许多公司的高层管理人员总会在某一时段展现这一模式，你可能会将其定义为刚愎自用的控局者。

如果你儿童时期的大部分时间都处于这一模式的环境中，你会拥有积极正面的"自我认知"和消极负面的"他人认知"。作为领导者，你会：

- 倾向于依靠自己的力量行事，不相信他人。
- 将自己的"心灵之眼"放在他人的过错失误上，不愿正视自己的过错失误。
- 被他人视为极端理性和冷酷无情之人。
- 喜欢评判周遭的一切，倾向于非黑即白、非对即错。
- 倾向于与人保持距离，喜欢疏离别人。
- 或许只有一两个亲密朋友，友情建立在强烈的忠诚度和自我保护意识上。
- 奉行"顺我者昌，逆我者亡"的行事作风。
- 将自己看作自立自强、自给自足的个体。
- 在他人面前不流露情感，缺乏真诚和坦诚。
- 对于公开自己的经历非常抵触和过度防卫。

顺便说一句，在人生道路上，你不大可能拥有安全基石，因为你很难相信他人。

如果你认为自己属于这种模式，你可以考虑如下方法。

- 必须意识到你过往的某些错误或自我认知在妨害你的领导力。
- 由于你以消极负面的思维方式看待他人，所以你应该有意识地将自己的"心灵之眼"放在他人的长处、优势上，要通过明确分工的方式，逐步降低你对局面过度掌控的欲望。要认可和接纳这样一个事实：他人推进项目的方式或许不同，但也是足够好的，值得信任，值得尝试。
- 平衡工作和人际关系。在情感上走近他人，践行"建立良性人际纽带"的理念，在与他人的交流互动中，了解他们的生活、工作以及志趣理想。
- 找一名导师、教练或安全基石。
- 重要的事情说三遍：建立纽带关系，建立纽带关系，建立纽带关系。

3. 焦虑型依恋模式：不输当赢

在顺境中，作为领导者，你是否：
- 采用咨询式、亲和式或者民主式的领导力风格（详见第六章）？
- 关心关爱他人，用足够的时间与他人沟通交流？
- 寻求替代观点和方案？

在逆境中，作为领导者，你是否：
- 对于自己的表现过度焦虑？
- 需要脱离现实的保证，才能平复内心的不安？
- 自我怀疑，以致做决策时犹豫不决？

如果上述回答大多是肯定的，你很可能属于焦虑型依恋模式，想做"不输当赢"的好好先生。

在与人们保持良好关系的前提下，你倾向于规避风险或损失，维持安稳的现状。

如果你的童年充斥着焦虑不安，你或许会有消极负面的"自我认知"和积极正面的"他人认知"。作为领导者，你：

- 过度关注关系的维系，对于他人的言语行为过度敏感。
- 对待批评过于在乎。
- 寻求外部肯定，高度依赖他人，以此获取自我安慰和认可。
- 由于过于在乎人际关系，总是感到沮丧、精神疲惫。
- 自信心较弱，过分依赖于他人的建议或支持。
- 情绪上容易波动。
- 过度呵护他人，不让别人遭受任何挫折和伤害。
- 比任何人都关心工作和他人。
- 过度焦虑和不安，以致激怒他人，使他人逃离。
- 很难将人和问题区分开来。担心自己对他人逼得太狠或害怕向他人传递坏消息，并为此备受煎熬。

如果你认为自己属于这种模式，你可以考虑如下这些方法。

- 必须承认你过往的人际关系，特别是童年时期的人际关系影响着你当前的领导力风格。认清楚自己已经长大的事实，自己不再是童年时期附属于他人的角色。
- 当你向他人征求建议时，你仍然要相信自己的决策和判断能力。遵从自己内心的声音与聆听他人的看法同样重要。
- 仔细分析自我，是否对寻求他人帮助有过分需求，是否对缺乏他人帮助过度焦虑。
- 相信自己，相信自己的判断。寻找安全基石来帮助你。
- 重要的事情说三遍：大胆决策，立即行动；大胆决策，立即行动；大胆决策，立即行动。

4. 疏远型依恋模式：逃避责任

在顺境中，作为领导者，你是否：

- 花时间回顾和反思过往？
- 即便害怕结果不尽如人意，仍然保有追求目标的决心？
- 内心深处希望获得他人的认可与接纳？

在逆境中，作为领导者，你是否：

- 面对压力时，直接放弃？
- 完全放弃领导权？
- 责怪他人？

如果上述回答大多是肯定的，你很可能属于疏远型依恋模式，想做逃避责任者。

遇到外部压力时，你感到自己无法掌控局面，情绪上可能失控，就像是一个被劫持的人质，为求自保，你只能在情感上不断退缩。

如果你的童年处在这一情绪模式中，你或许有消极负面的"自我认知"和消极负面的"他人认知"。作为领导者，你：

- 感到自己对生活没有任何掌控力。
- 希望与人亲密，但同时又怕被拒绝，从而极力避免与人亲密。
- 担心他人不喜欢你或者对你不感兴趣，因此不敢与他们交流。
- 既害怕成功，也担心失败。担心成功后会失去一些东西，担心失败后被别人视为失败者。
- 在人生道路上，极力避免拥有安全基石，因为你担心建立如此深厚的纽带关系需要向对方透露过多的个人信息。与此同时，你又十分渴望这种亲密无间的关系。

- 难以信任他人，对他人的动机表示怀疑。
- 感到嫉妒、因分别而感到焦虑。
- 极力规避矛盾冲突和责任义务，如果不与他人建立联系，也不承担任何责任义务，你便不会遭遇拒绝和失败。
- 在社交场合过于羞涩，又希望"将事情做对"。
- 自信心和自尊心较低。心中的恐惧使自己变得麻木不仁，总是以旁观者的心态应付生活，认为自己只是生活的匆匆过客。

如果你认为自己属于这种模式，你可以考虑如下这些方法。
- 知晓领导力被过往经历所影响，被过往的人际关系中所遭受的痛苦所影响。找到那些影响你的事情。
- 了解面对压力时你为什么会失去自信心，并疏离他人。把注意力放在当下，而不是从当下逃离。区分恐惧到底来自过去，还是当下。
- 关注问题本身，而不是你自己或他人。
- 允许他人为你提供"关心关爱"，从而激励你"勇敢奋激"，不断进步。
- 重要的事情说三遍：建立纽带，通力合作；建立纽带，通力合作；建立纽带，通力合作。

通过深入地了解你的依恋模式，及每个模式的特征，能更加充分地了解自己的认知倾向。通过安全基石积极调整依恋模式和人生倾向。为实现这一目标，你需要不断改变习惯性反应模式。同时，要记住，你是人，不是神，所以，允许自己在深陷逆境而暂时出现消极负面的认知倾向。

了解发出和接收的信号

与他人建立联系，包括掌握与了解他人发出关于他们自己、情绪和需求的各种信号。这些信号能传递语言和非语言信息，我们也能判定信息的真实性。本质上，信号能够表明一个人是亲近、厌恶还是疏远别人。[4]此外，信号也能表达动机，即某个人正在想什么，对某人某事的感受是什么。

有时，信号通俗易懂，比如禁止前行或通过的手势。然而，大多数时候，信号所传递的信息都很隐晦。有些信号是下意识的，比如表示祝贺的鼓掌；有些信号则是无意识的，比如紧张、焦虑时眨眼睛。与他人一样，你总会无意识地发出某些信号。实际上，在他人面前，你想完全不发出任何信号是不可能的。

你发出的信号表明了你当下的状态。这也是为什么我们将"保持冷静"视作潜能型领导者的重要特质之一。事实上，你无法完全控制你无意识地发出信号，因此完全控制自己的焦虑情绪是不切实际的。然而，尝试学会控制情绪，下意识地保持冷静，你便能看上去很冷静。这种"弄假成真"确实能在大多数时候发挥作用。

如果你不清楚自己发出了什么信号，就会出大问题。只有清楚地意识到自己所发出的信号，你才能掌控它们。当你保持冷静时，他人的镜像神经元系统（详见第三章）便能接收到你所传递的冷静信号。如果你极度沮丧、激动或者焦虑，你或许会不自觉地将这些情绪状态带到他人身上。[5]这也是为什么面对危机时，飞行教练克劳德必须控制住自己的情绪，然后使他的学员保持冷静和专注。

令人欣慰的是，与你交流的人同样会发出信号。当你读懂对方有意或无意的信号时，你便能够掌握他人的状态和动机。这样，你便能

第八章 成为他人的安全基石　217

有的放矢地提供"关心关爱",并且以适当的方式激励人们探索未知,应对挑战。

四种信号形式

图 8-3 展现了信号的四种来源,它们来自人与人之间语言或非语言的交流方式。

- 身体
- 情绪
- 心理
- 精神

图 8-3 还展现了在个人与群体之间信号的交互方式。这四种信号形式涵盖了不同情况下人们传递和阐释某一信息时所使用的方式,包括陈述、对话(详见本章"提升深度对话能力"),甚至谈判。[6]他人会领悟这些信号并反馈自己的信号,然后你领悟后再进行反馈,如此相互沟通。

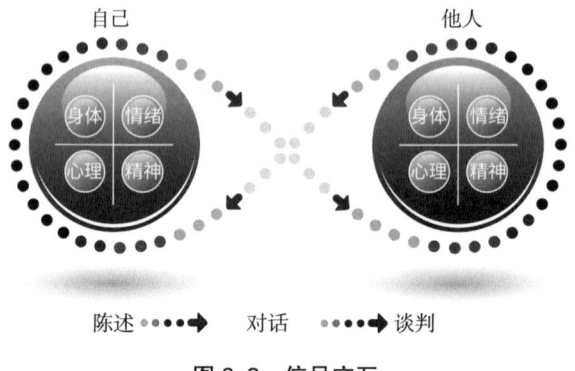

图 8-3 信号交互

身　体

信号能够通过身体向外界展现和传递。身体语言包括手势、姿态、表情和语调。这些身体语言可以是有意识或无意识的，可以是积极正面的（比如笑脸），也可以是消极负面的（比如皱眉）。在我们的身体构造中，光脸部就有 27 块肌肉，通过肌肉的收缩或舒展，能表达各种各样的情绪。身体语言有时通俗易懂，比如双臂或双腿交叉或打哈欠；有时晦涩难懂，比如眼神或手形的轻微变化。

情　绪

心理学家保罗·埃克曼表示，本能的情绪反应包括愤怒、恐惧、愉悦、伤心、厌恶和惊悸。[7]这些情绪能够引发身体反应，并通过身体传递信号。无论你开心还是难过，你内心的感受都会反应在情绪上。毕竟，作为人类，我们既是感性动物也是理性动物。实际上，我们的言谈举止很少表现得"极度"平和，因为我们内心感受不可能"极度"平和，总会出现一定的倾向。通过信号，我们传递着情绪，即我们对某人某事的感受。

心　理

你所传递的信号反映着心理状况。通常情况下，通过所使用的词语，你传达出心里的想法。例如，你想离开房间，便用语言表达"我现在想离开"，身体也会朝门的方向移动。语言和身体表达趋同，都传递出心理的真实状态。不过，有时候，你虽然说"我想留在这里"，可身体却朝门口走去，语言和身体不一致的信号也会被他人有意识或无意识地觉察。

精　神

精神所展现的是信号背后的意图，即你的计划、动机（为什么你现在要如此行事）以及终极目标。精神所传递的信号，表达的是某一种判断倾向，即某一行为是蓄意的还是无意识的。如果某一行为的结果被认为是积极正面的，人们便倾向于赋予这一行为积极正面的动机。如果某一行为的结果被认为是消极负面的，人们便倾向于赋予这一行为消极负面的动机。你要做的就是确定某个人的动机是积极的还是消极的。其真正动机或许会通过身体语言表达出来。

为了隐藏真实动机，人们有时会采取管控身体语言或口头语言的方式，比如传递心口不一的信息。研究结果显示，人们传递心口不一的信息时，口头语言、语音语调以及身体语言分别占7%、38%和55%。[8] 也就是说，即便我们不了解上述研究结果，我们天生就具备阅读他人肢体语言的能力。这让我们能够接收我们想要的或忽略不想要的信号。

此外，镜像神经元系统会关联我们的动机，而不仅仅是具体行为。[9] 如果领导者询问"还有问题吗"，但胳膊和双脚交叉的身体语言传递的信息却是"对于你们的提问，我并不想给出意见"。由于口头语言与身体语言的不一致，因此大概率没人提问。

成为信号分析专家

通过针对性训练，你能够具备阅读信号的能力，这有助于了解他人的目标和动机，这样你就知道该如何回应。

洞察真实意图

信号能帮你判断人们所说的话是否发自内心。你要收集信息，分析对方所说的是否与其他信号一致，尤其注意感受词语中蕴含的能量信息。通常情况下，眼神能够透露出真实动机。如果有人盯着你的眼睛说"我中午前一定完成任务"，你就能感受到他充满信心。如果他眼光躲藏，你就需要再三确认。

听话听音

通常情况下,人们会使用特定的词语来传递自己的真实意图。对比一下这些语句。

你看过我交给你的报告吗 VS 我是否应该认为你没看过我交给你的报告

你为什么开会迟到 VS 你为什么总是在我的会议上迟到

在这两组问题中,第二句的用词都有责备的意思。通常,用词倾向是非常重要的信号,体现了人们的真实感受。在某些情况下,会展现出人们内心的焦虑或恐惧。

留意情绪

人是受情绪影响的。有意识和无意识的身体语言能够传达人们的情绪,显露出潜在的动机。表 8-2 是一些情绪信号。

表 8-2 情绪信号

情绪	信号
愉悦	微笑、热情的神态、眼里有光、表达感激之情
惊讶	张开嘴巴、眉毛上挑、睁大双眼、惊讶的声音
恐惧	紧缩身体、双手抱肩、打战、退缩、睁大眼睛、高度紧张、面色苍白
愤怒	极度嘲讽、烦躁、易怒、脸红、紧咬嘴唇或紧握拳头、胸脯起伏、肌肉紧绷
伤心	哭泣、嘟着嘴、眼睛向下看、眼睑下垂、皱眉、收拢四肢
失望	脸红、缺乏激情、紧缩身体、被动行为或被动且激进的行为

潜能型领导者要熟练掌握这些消极和积极的信号。当你感受到对方愤怒、伤心或者失望时,想一想他可能正在经历沮丧或损害。这时,你就要表达关心关爱,以让人际纽带关系更加稳固。在安全舒适的氛围下,人们或许能够敞开心扉,表达消极情绪。在消极情绪充分释放

后，你就能将人们的"心灵之眼"转向积极面。

提升深度对话能力

　　深度对话能力是感知信号、解读信号以及对信号进行回应的拓展延伸能力。可以相对简单地培养，以产生很好的沟通结果。当人们加深相互了解和为了完成共同任务而不断前进时，深度对话就能够更深刻地影响彼此，有助于建立良性人际纽带和积极引导他人的"心灵之眼"。深度对话能营造出团结友善的氛围，即凝聚感，他人能够了解你说的话，你也愿意耐心倾听并充分理解他人的话。深度对话就是思想互通、情感互融以达成彼此的更多共识。在深度对话中，没有谁的话代表"绝对真理"。

　　深度对话包含倾听、询问和诉说，三者的结合蕴含着强大的力量。深度对话的目的是探索未知，因此要不时进行思考与反思，还要摒弃先入为主的偏见与武断，以开放包容的态度进行。

　　当语言表达无法取得预期效果时，那么接下来的具体行为就会受到阻碍。这是因为，他人误读了你的真实意图。例如，如果你试图表达充分信任某人应对挑战的潜能，但你的语言表达却被视为越过亲密界限或者把他人逼得太急太猛，这就很可能让你丧失与之深度对话的机会。确切地说，你可能在深度谈话的过程中人为地设置了一些阻碍。

深度对话的主要阻碍因素

　　日常中，我们会在无意识的情况下阻碍深度谈话的正常进程。某些语言习惯让高效对话滑出正常轨道。深度对话的主要阻碍因素有四个：不重视、消极被动、模棱两可和长篇大论。

不重视

当你态度傲慢、否定和贬低他人时，便是不重视。"你说得有道理，但是……"这就是否定的句式。"你没听明白""你不可能理解我的良苦用心""我不可能这样""我从来不这样"等这些句式也会阻碍谈话的正常进行。事实上，我们很多习惯性回应是无意识的轻视和否定。不重视的反面是客观地认识自己、他人和实际情况，并给予充分尊重。

问问自己：

★ 我什么时候会贬损他人？我如何贬损他人？
★ 我身边的其他人是如何因为贬损而阻碍对话的正常进行的？

尽量不要使用"你说得有道理，但是……"句式

"你说得有道理，但是……"的潜台词是"我的想法更好，即便我压根儿还没有形成自己的想法"。因此"你说得有道理，但是……"是传递贬损和不尊重的信号。

无论是提升团队沟通水平还是提升会议沟通效果，请尽量不要使用"你说得有道理，但是……"这样的句式。我们可以换一种句式。如"我不同意你的看法。我的理由是……"或者"我了解你的意思，我认为……"

消极被动

当你或他人拒绝对话时，就倾向于回避或不予回应，这就是消极被动，这源自某种恐惧反应。如果你发现自己抗拒对话，问问自己"我到底害怕什么"。如果团队中有消极被动的成员，你必须致力于营造充满安全感的氛围，并鼓励他人敞开心扉，让他们把内心深处的真

实想法表达出来。消极被动的反面是明确地公开表达自己的观点。

问问自己：
★ 对话时，我为什么会变得消极被动？
★ 对话时，身边的其他人是怎么表现得消极被动的？

模棱两可
当你为了维持掌控力或者规避自己不适的内容而刻意转移话题时，你便故意显现出模棱两可的态度，你用模棱两可避免与他人建立联系。对你而言，明确地表达观点是充满风险的事情。当你模棱两可时，你便是在保护自己，并试图保留自己的观点。例如，当被问及"你觉得自己的工作质效如何"时，如果你回答"团队对我的工作表示满意"，你便是在模棱两可。虽然你做出了回答，但答非所问，便是规避对自己的工作情况进行自我评估的风险。模棱两可是一种不显眼的阻碍因素，人们常常无意识地这样做。模棱两可的反面是直截了当地表达你的感受、想法和认知。

问问自己：
★ 我是否能直截了当地回应问题？（你是否能用"是"或"不是"回应问题？）
★ 你是否经常模棱两可？
★ 身边有谁经常在回答问题时模棱两可？

长篇大论
当你喜欢在讲话时注重过多的细节，而不是明确、清晰和简洁地交谈时，你便是在长篇大论。在局面紧张或尴尬的场景下，人们很容易长篇大论。长篇大论不仅剥夺他人的表达空间，也无法表达自己的真实见解。长篇大论释放的大量无效信息，让本应重点讨论的核心问题被淹没。为了避免长篇大论，可以练习"四句规则"，即用四句或更少的篇幅讲清楚要表达的内容。长篇大论的反面是简明扼要、清晰明了。

问问自己：

★ 我是否经常长篇大论？（我是否除了回答"是"或者"不是"，而不再说别的？）

★ 我所提供的细节真对探讨的问题有好处吗？

★ 我身边是否有习惯长篇大论的人？这一习惯是如何影响他人的？

我们鼓励你通过练习，认识自己是如何在对话时无意间设置上述障碍的，更要认识到这些障碍给工作和生活带来的影响。将这些障碍一一摒弃，将极大改善对话的质量，有助于建立良好的人际关系和情感依恋。

深度对话小技巧

就像在撰写报告前先打草稿一样，深度对话前，也可以做好充分准备。

- 我的当下状态是什么？
- 我想要促成什么样的结果？
- 我有什么样的选择？
- 我能够做出什么样的让步？

- 我们做出什么样的提问？这是最关键的一条。

这些问题提供了提升深度对话的 5 个技巧：状态、结果、选择、让步和提问。这 5 个技巧对角色练习非常有用。

角色练习

当面对艰难对话时，通过角色练习，让自己做好准备，这样可以提升对话效率。记住，专家为什么会成为专家？是因为经过无数小时的锤炼。事实上，在练习和实际应对时，大脑的反应方式是相同的。如果你掌握了正确的练习方式，你便能拥有好的结果。

除了提前练习要说的内容，以及如何规避影响深度谈话的障碍因素，你还可以扮演一下他人的角色。当把自己放在别人的立场上，在他人的情感状态下，你不仅会产生同理心，也能更好地了解别人的态度。

状态

提升深度对话效果的第一个前提，便是知晓自己的状态。当下，你有什么心理感受？是沮丧还是乐观？是否平静且理性？记住，在人际交往中，你所传递的信号反映着你内心真实的状态和动机倾向。这些信号会使他人产生类似的反应。如果你对深度对话感到焦虑，别人也会察觉到你的这一状态，从而变得焦虑和抵触。深度对话前，尽量保持平静且理性的状态，并在对话期间，持续留意自己的状态变化。如果对话过程中，你发现自己变得焦虑、沮丧或愤懑，要进行短暂休整，尝试深呼吸或站起来走动走动，让自己的情绪平复下来。保持片刻的沉默并不是什么不恰当的行为，这比在非正常状态下进行对话强得多。

结果

在你开启对话或者进入对话过程后，一定要明确你想要的结果是什么。如果你充分了解自己的目标，你便能以目标为导向，更好地推进对话进程。如果你对想要的结果迷茫无知，对话过程中，你就会陷入被动。当然，明确目标固然重要，但如果对话有新的变化，我们也要保持一定的灵活性，要根据实际情况调整你的预期目标。

选择

对话过程中，只要条件允许，应当为他人提供选择的机会。不要喋喋不休地告诉他人必须做什么，这或许能让别人遵从，但却无法赢得认同。他人遵从的原因只是委曲求全。通过提供选择机会，你才能获得他人的认同，因为在你设定的范围内，人们能够根据自我意愿进行选择，最终完成你的预期目标。让我们看一个育儿的例子。清晨，你让孩子穿衣服。孩子说："不要，我不想穿。"你说："现在、立刻、马上给我穿上！"孩子继续说道："不要，我不想穿。"这时紧张气氛不断升级，嗓音越来越高，但结果却不理想。你感到沮丧，而孩子还是没穿衣服。如果换一种方式，结果或许不同。你可以问孩子："你想早餐前穿衣服还是早餐后穿？你是想穿红色衬衫还是蓝色衬衫？你是想自己穿还是让我帮你穿？"

与成年人打交道同样如此。人们倾向于从所提供的选项中选择。大多数时候，他们不喜欢被人喋喋不休地告知需要做什么。即便在艰难的境况下，也尽量提供选择的机会。还记得本书第一章开篇关于萨姆的故事吗？乔治问萨姆想将手铐铐在身前还是身后。无论萨姆做何选择，他最终都戴上了手铐，服法认罪。因此，通过提供选择机会，可以给予他人足够的尊重和理解。

让步

在 5 个实操小技巧中，让步或许是最难做的一个。让步的前提是遵循互惠互利法则：你给出一些东西，并获得一些东西。在对话过程中，为了察觉他人的让步意愿，你要非常细致地倾听并保持冷静，然后做出适当回应。例如，如果你给予他人较严厉的反馈意见，他人也对此表示认可，在进入下一个议题前，你要对他人的认可表示感谢。"谢谢"或者"我感谢你的真诚态度"等表达都有助于缓解紧张气氛。如果你率先做出言语上的让步，他人也会跟进，同样给予一定的让步。这个技巧不仅能够提升你做出让步的水平，还能提升你的倾听能力，这对推进深度谈话至关重要。

提问

在恰当的时间节点提出正确的问题，是最强有力的对话技巧。还记得本章开篇克劳德的故事吗？面对突如其来的意外，克劳德对学员的激励教导始于提出问题。总体来说，问题可分为开放式的和封闭式的。深度对话是两个人之间的沟通交流，目的是寻求最终的事实真相。为了确保沟通顺畅，你不能陷于自说自话的独角戏，应该提出开放式的问题。清晰明确但友善地阐述你想表达的内容，然后提出相应问题。例如，"我担心这周的产品质量会有所下滑。我们的原材料成本持续走高，而产量却不断下降。你如何看待我们当下的困境？""我们之前说的是在你完成作业、整理好床铺后，可以玩电脑游戏。你也是这么认为的吧？"在每一段交流后，都提出相应问题，这能让双方一直保持对话，尤其是沟通不畅时，能缓解双方的紧张情绪。提出问题后，一定要记得暂时停顿并等待对方回应。不要自问自答，应该耐心地等待回应。

永远不要低估深度谈话所蕴含的价值。通过练习这些小技巧并不断规避深度对话中的障碍因素，你便能使自己的行为举止符合潜能领导力特质。

记住，你在尝试诸如提出更多开放式问题时，可能会感到一丝尴尬和不适应，但随着训练的深入，你就能从容自如。你会明白何时运用这些技巧，比如提问的恰当节点，或者在什么时候应该采用哪种潜能领导力特质。即便拥有足够理论和经验的保护者，也需要数年时间练习才能了解并扮演好本职角色，比如要放多少绳子才能保障攀岩者的安全、什么时候给予口头指令等。通过阅读信号了解他人的动机和需求，你便知道应该做什么。

通过评估自己拥有的九大潜能领导力特质，以及优化自己的依恋模式，能更好掌控你和他人发出的信号。通过积极练习推进深度对话的技巧，能更好地建立深厚的纽带关系，这都将大大提升你的潜能领导力水平。

还在等什么？让我们从今天开始吧！

学习重点
- 明晰潜能领导力九大特质在自己身上的表现，能帮你有针对性地补齐短板，最终成为真正的潜能型领导者。
- 了解自己在正常状态和压力状态下的依恋模式，有助于你成为潜能型领导者。
- 无论之前拥有什么样的依恋模式，你都可以通过训练，形成安全型依恋模式。
- 做一个信号分析专家。留意你发出和接收的信号。学会阅读这些信号能够帮助你成为优秀的领导者。
- 信号来源包括身体、情绪、心理和精神。

- 去除你与他人之间的对话阻碍，能提升自己在日常工作和生活中的沟通效率。
- 为了提升对话质量，尝试给对方提供选择机会、做出让步以及提出针对性问题。

常见问题

问题：我需要成为多少人的安全基石？与两三个人通力合作把工作做好，还是与每一个人都建立纽带关系？

回答：日常工作中，与同事和下属保持不同层次的关系非常必要。不过，你更应当积极对待下属。在团队中，与任何人的关系搞僵都不可取。记住，成为潜能型领导者并不需要苦行僧式的修炼，只要有针对性地训练就可以，而且收益会大于付出。

问题：当别人给我发出消极负面的信号，并不想与我建立纽带关系，我该如何应对？

回答：这种现象经常发生，你需要的是自信心和韧性。专注于双方的共通点，不要被信号束缚。如果你不假思索地跳进负面信号的大坑，结果会更糟糕。尽自己所能维系纽带关系，专注于目标。其实，如果你认真思考，你便会发现建立纽带关系并没有那么难，最坏的事情也许就是无法得到回应。

问题：当同事的个人生活出现问题时，我应该如何做？我是否应该与他谈论这一问题？

回答：我们认为，对同事关心关爱是可以的。问他是否需要帮助，然后根据他发出的信号，判断是否进一步沟通，要把决定谈话深度的选择权交给对方。

第九章

将组织打造成安全基石

公司被爱包围，而不是被恐惧束缚时，它将变得更强大。

赫伯·凯莱赫 | 西南航空联合创始人、荣誉退休董事长和前首席执行官

（1931—2019）

亨德里克·杜·托伊特是天达国际资产管理公司的首席执行官。公司之前的发展一直非常成功，但为了获取可持续的发展，公司还需转型升级，锐意进取。特别是，亨德里克意识到，公司并没有形成稳固且广泛的人才储备体系。在留住才华横溢的年轻员工方面，公司做得还不够。许多年轻员工认为，日常工作非常艰巨，而公司给予的支持却严重缺失。在这方面，公司领导层将天达资产管理称为"狮子笼"，并引以为傲。按照潜能领导力理论解释，公司内部聚集了一群"刚愎自用的主导者"。有时，公司为了获取好的业绩不惜牺牲人际关系和情感纽带。虽然此举能带来短期效益，但长远来看，必须要构建人才储备体系。

为此，邓肯被公司聘任为专项工作顾问。他带来了潜能领导力的两大核心要素：关心关爱（建立纽带关系）和勇敢奋激（取得卓越成就）。[1] 为了让潜能领导力理念落实，亨德里克引进一些综合领导力培训项目，并要求公司每一个领导者都参与进来。亨德里克说："说起来可笑，我曾对这一类项目，尤其是对领导力培训项目有很深的偏

见和质疑。我长期认为，凭借个人意志和对实现目标的热情，优秀的人一定会脱颖而出，最终达到事业的巅峰。然而，我后来意识到，如果我们不能系统地、专业地培养人才，我们将永远无法充分激发一家国际资产管理公司应有的潜能。"在培训课上，邓肯向学员们阐释了潜能领导力的概念，并强调了解失丧、分离和悲伤，以及掌握高超对话技巧的重要意义。在谈及"狮子笼"的比喻时，邓肯提醒道："即便是凶猛残暴如狮子，也有一颗呵护幼狮的责任心。"通过这种方式，公司既保留了"以投资业绩为导向"的"狮子笼"做法和设喻，也将建立纽带关系的全新理念嵌入进去。

培训结束后，天达资产将建立和维系人际纽带关系作为新指标，纳入到年度业绩评估体系中。与此同时，公司从财务角度建立了明确的奖惩制度，确保达到预期效果。通过不懈努力，公司不仅营造出更具力量感的文化氛围，即更加重视人际纽带关系的建立和维系，而且搭建了卓有成效的人才培养保障体系。

成为安全基石的行动首先从公司最高层亨德里克开始。通过训练，亨德里克将关心关爱和勇敢奋激融会贯通。他积极进取、铁面无私，且常常鼓励他人走出舒适区，为应对挑战承担必要风险。与此同时，他也将对人性的关怀融入到领导力中。

现在，在追求投资业绩的同时，员工能明显感受到公司对他们的关爱。虽然公司的企业文化仍然鼓励员工以狮子的凶猛取得更好的业绩，但公司也会支持和帮助员工。员工的工作热情上升到公司成立以来的峰值。

2011年，在激烈的行业竞争中，天达资产管理迎来了迈向成功的第20个年头。这一年，天达资产管理被评为"欧洲年度最佳资产管理者"，亨德里克也被评为"欧洲投资行业年度最佳首席执行官"。[2]

在这个案例中，一个最初只是为了培养、储备优秀人才的培训项目，最终却改变了整个组织的文化氛围。可以毫不夸张地说，全新的组织文化氛围使公司不仅成为全体员工，也成为客户的安全基石。

"将组织打造成安全基石"的真实含义是什么？在前面的章节中，我们对"安全基石"进行了明确定义，即通过提供保护感、安全感、关怀感，并激发勇于探索、承担风险、应对挑战的不竭力量的人或其他事物。按照这一定义，包括人在内的任何事物，只要能发挥上述功能，就能称为"安全基石"。像天达资产管理这样的公司，能够持续不断地提供"关心关爱"和"勇敢奋激"，它便成了员工和客户的安全基石。

作为潜能型领导者，你的成就不是影响或改变一小部分人的认知与命运，而是影响整个公司的内在文化。当公司的所有"组织拼图"（愿景、使命、价值观、发展战略，以及诸如政策、流程和人力资源体系等组织因素）都围绕"关心关爱"和"勇敢奋激"来制定时，公司便成为员工和客户的安全基石。在此过程中，潜能型领导者是当仁不让的组织者，他用高超的领导力技巧将所有拼图摆放在适宜的位置上。

将组织打造成安全基石能最终带来组织文化的改变。一般来说，推进组织变革绝非易事。研究结果显示，成功案例可以说凤毛麟角。高达90%的并购计划都未能实现公司的战略目标。[3]

那么，如果你将潜能领导力理念嵌入变革过程，结果会怎样呢？以潜能领导力相关理念推动变革，你需要做到如下几点。

- 记住，任何变革都涉及失丧，人们需要用悲伤来化解。投入充足的时间和精力，一步一个脚印地按照第四章的流程去走。
- 在变革推进过程中，善于学习、总结新体会、新感悟、新经验，不要仅仅关注目标是否实现。任何一次失败都是宝贵的学习机会。分析失败的原因有助于你影响和改变未来。
- 变革工作千头万绪，在力所能及的范围内发力，不要对自己无法掌控的领域忧心忡忡。如果你不是统筹全局、一锤定音的"大领导"，就从自己的"一亩三分地"做起。
- 树立"追求卓越而不是追求完美"的理念。彼得·基灵和汤姆·麦尔奈特指出[4]，将塑造潜能领导力作为一定要赢得的人生战役之一。你可以将"将公司打造为安全基石"作为一个明确的目标，并投入充足的时间和精力。
- 将难度较大的挑战分解为切实可行的小步骤、小目标，有条不紊、稳健有序地推进。"每天进步一点点"的态度能够提高成功概率。

彼得·圣吉是系统思维方面的专家。他关于"学习型组织"的经典著作，可以在将公司打造为安全基石方面发挥重要的作用。圣吉说道："本质上，每一个公司都是全体成员思考与互动的融合物。"[5] 实际上，如果你想将组织打造成安全基石，你就需要在人们的思维方式上下功夫。从以下这些方面入手，你就能获得成功。
- 在公司的所有层级推行潜能领导力。
- 将潜能领导力嵌入人力资源建设。
- 明确目标、愿景、任务和其他关于目标的激励性表达。

> **学习型组织**
>
> 1990年，《哈佛商业评论》将彼得·圣吉的《第五项修炼》评为当代最杰出的管理类书籍之一。在这本经典著作中，圣吉提出了"学习型组织"的概念。我们的研究结果显示，潜能领导力是学习型组织的

强大基础。

圣吉将学习型组织描述为:"在这里,人们不断精进,为实现目标而努力;在这里,人们可以培养新的延展性思维方式;在这里,人们可以迸发出积累已久的激情;在这里,人们不断通过互学共促,看到事物的全貌和发展大局。"[6]

根据对组织的这一定义,圣吉提出了"学习型组织"的五项修炼:

1. 系统思维: 对整体的把控,以及对部分与整体相互关系的关注。

2. 自我超越: 致力于个人的终身学习和进步。

3. 心智模式: 致力于反思个人和组织所秉持的信念和思维方式。

4. 共同愿景: 共同展望和分享关于未来的可能性蓝图。

5. 团队学习: 互学共促,会对个人和组织效益带来几何级增长。

圣吉关于"学习型组织"的核心要义,指明了培养承担必要风险能力的必要性。承担必要风险是"勇敢奋激"的生动体现,而实现"勇敢奋激"的前提是"关心关爱"。

深度对话也是"学习型组织"的重要组成部分。在《第五项修炼》一书中,圣吉写道:"良好的深度对话能够解锁个人和团队的学习意愿,继而迸发奋勇前行的无限动力。在深度对话过程中,你或许可以找到应对挑战的新的、有意义的、有针对性的破局之策。"

这五项修炼内容以及对深度对话的重视与潜能领导力的核心要义以及九大特质同频共振。当你专注于终身学习、自我意识、个人成长、纽带关系、心灵之眼和深度对话等潜能领导力的核心理论时,你同样也是在贯彻落实"学习型组织"的有关理论,这都能引导和激励他人取得更加卓越的成就。

发挥领导者的榜样作用

鼓励尽可能多的领导者深刻领悟潜能领导力的相关理念，并让他们身体力行，这样，变革的大幕才算徐徐拉开。如果，你没有下属可以领导，那么你就要从自己开始。

瑞士洛桑国际管理发展学院教授金卡·特格尔曾表示："组织变革的成功主要取决于高级领导者的参与水平和广度。"多年来，无论是在瑞士洛桑国际管理发展学院的课堂上，还是日常生活中，我们三位作者都曾参与过大大小小、不计其数的领导力培训项目。我们的过往经历与特格尔的研究结果一样。我们发现，当大多数高级领导者以个人身份参与到变革中，特别是当整个领导团队都全身心地投入到变革中，这样才有可能取得最好的效果。我们所说的"参与"与"投入"并不是参加变革开启仪式以及听取汇报等情形，而是让领导者身体力行，开诚布公分享自己的故事、经历以及所面临的挑战，使自己对公司变革持开放态度。我们发现，只有公司最高层真正参与到变革过程中，其他领导推动变革的意愿和责任感才会更高。领导者的榜样作用将会影响公司更多人，使他们更有参与意愿，更乐于将变革中的全新理念运用于团队建设。

瑞士洛桑国际管理发展学院曾承办过芬兰耐思特油业集团的高效领导力课程。集团首席执行官马蒂·利埃伦坚持全程参加该课程。课程内容对他来说，并非没有难度，同样也是一次思维与理念的优化与升华。马蒂的举动不仅反映了对事业发展的强烈责任感，也明确告诉其他学员，推动公司变革是他经过深思熟虑后的决定，并且他一定会既当统帅，也当表率，更当士兵。在公司变革过程中，马蒂用实际行动为其他管理人员树立了榜样，赢得了广泛的支持和爱戴。

何谓领导者？领导者就是要在组织发展过程中，尤其是在风高浪急的危急关头冲锋陷阵，发挥榜样作用。在影响力范围内，领导者的行为能释放重要导向和信号。你或许也能观察到，人们是如何在潜意识里效仿领导者的行为举止，甚至语言风格的。只有鼓舞和引导更多的领导者成为安全基石，普通员工才会迸发出成为安全基石的强烈意愿，这样才能使整个组织成为安全基石。

带动更多领导者

在高级管理人员培训课上，受到安全基石理念积极感召的学员，通常希望公司更多的人加入进来。同样，在读完本书后，你或许也愿意与同事分享。

在瑞士洛桑国际管理发展学院的高效领导力课程上，有一位学员通过向公司董事会阐释潜能领导力理念，将一些相关理论带到了公司内部，并取得了积极成效。

在这位学员的倡议下，荷兰发展组织（SNV）董事会在全球范围内组织开展了一系列对话交流会，旨在让分布在世界各地的团队深入探究并践行潜能领导力的相关理念。

在对话会上，参与人员完成了本书中提及的包括领导力生命线在内的所有练习。毫无疑问，共同完成这些练习不仅能从个人层面提升自我认知，也能从团队层面凝聚变革发展、锐意进取的共识。在分享了各自的领导力生命线后，大家更加彼此认可和宽容。交流会上，人们更直接、更富挑战性的对话，增强了彼此的信任感和同理心。

这个案例生动展示了当领导者能够从个体视角了解同事时，公司将会释放什么样的潜能，产生什么样的积极效果。值得注意的是，让潜能领导力理念在公司内部落地不仅需要明确的引导者，还需要给予充足的准备时间。因此，如果你下定决心让潜能领导力理念在公司内部扎根发芽，你需要更专业、更科学地安排推进流程，并给予时间保障。

问问自己：
★ 我如何让身边的同事接受潜能领导力思想的洗礼？
★ 我对并肩作战的同事究竟了解多少？

向同事介绍潜能领导力

参加培训管理的人员有时会问我们，将潜能领导力理念运用于公司和团队建设是否合适。他们担心，询问或打听同事私生活和过往经历，会侵犯他人隐私。他们还担心，成为潜能型领导者所需要完成的训练内容，对于公司这样的工作场所是否过于个人化和情绪化。

如果你推荐潜能领导力的方式，只是让人们觉得隐私被窥探和曝光，或者人们所分享的个人经历最终成为针对和打压他们的武器，那么高级管理人员所提及的上述担忧便说得过去了。

但你可以尝试采用下面这些方法，确保不逾矩、不过界。

- 将自己纳入流程中，与团队其他成员共同完成潜能领导力的相关训练。
- 委托一位专职的训练流程引导员，使你能够全身心地成为参与者，而不是导师。
- 给予充足的时间，用于增进信任和理解，完成相关训练并进行点评反馈。

- 团队成员共同签订保密协议。
- 反复向每个参与者重申进行训练的动机和目的。引导他们的"心灵之眼"聚焦于积极面。
- 总是给予和保障人们选择公开什么以及不公开什么的权利。永远不要逼迫他人分享,做到"己所不欲,勿施于人"。

当你无法带动更多人加入时

如果你无法让高层领导者参与,该如何应对?聚焦你的影响力所能涉及的范围,比如你的团队。可以将目标定为让公司的某一部门成为安全基石。

如果放弃的原因,仅仅是自己没有足够的影响力或无法动员足够的资源去推进公司的变革,问问自己是不是因为不愿意为推进变革,而故意找借口。记住,你可以将任何大的挑战分解为切实可行的小步骤、小目标。

将潜能领导力嵌入人力资源管理

在公司变革中,第二个应该探究的领域便是人力资源部门。你可以将潜能领导力的核心理念,贯穿于人力资源的每一个流程。值得注意的是,潜能领导力应当视作一系列可以被明确定型、悉心教授、学习掌握、激励引导、评估量化和奖励的行为。如果公司的流程模式与潜能领导力理论相反,你将无法推进变革。

岗位介绍和招聘

你能否将"关心关爱"和"勇敢奋激"都描述在岗位介绍中？例如，除了描述岗位职责上的"硬杠杠"，你能否将潜能领导力的九大特质之任何一点概括进去，或者至少将那些与公司发展契合的特质概括进去？

此外，在设置面试问题时，能否给予应聘者机会，谈论自己成为潜能型领导者的过往经历。设置如下这些问题，能够让即使应聘最基层岗位的应聘者，告诉你他是如何平衡建立纽带关系和取得卓越成就的。

- 你是否曾鼓励他人尝试自己认为不可能实现的目标？
- 你如何让团队在保持高凝聚力和热情的同时，激励他们不断取得卓越成就？
- 你用什么样的方式掌握和记住人们的名字？
- 你每天或者每周花多少时间与同事进行非正式交流？

还要记得，所提问题也应当涉及应聘者自己的安全基石。

- 在你的人生历程中，谁是给你最大激励的人？
- 是否有老师或教练引导你走出舒适区，鼓励你应对挑战。
- 你是否取得过超出自我认知的卓越成就？是谁，给了你什么样的支持？

记住，在应聘者面前，你的一言一行都代表着公司的文化理念。如果你只是谈论工作流程和岗位职责，你所传递的信号便是人与人之间的纽带关系是不重要的。如果，你对应聘者提不出挑战性的问题，他们可能对公司无法产生很高的期待。

胜任力模型

在组织管理中，胜任力模型越来越流行，因为它是一种标准化的评估手段，能对员工的工作状态和能力做出评估。虽然我们并不将潜能领导力特质完全等同于胜任力模型，但这些特质能够就如何培养并形成公司所期望的特定能力提供了大体框架和重要依据。如果你的公司已经使用了胜任力模型，可与领导力九大特质进行比照，看看二者的评估方式有哪些差异。

个人目标

跟岗位介绍一样，我们发现，对于个人目标的表述通常没有反映领导力"关心关爱"的一面。虽然传统、普遍的个人目标对所要达到的数字指标清晰明确，但对人际关系的描述却含糊其词。有时候，我们只看到像"与股东保持沟通交流"这样空洞的表述。在个人目标中加入"关心关爱"和"勇敢奋激"的相关表述，可以更好地将潜能领导力嵌入个人发展。请参考表 9-1 所列出的一些具体表述。

绩效考核

绩效考核是对于岗位介绍、胜任能力和个人目标的综合性评估。如果不在年度绩效考核中加入潜能领导力的相关要素，你便丢失了"固化提升"这一重要环节。也就是说，你没有用一种切实可行的方式来评估员工是否实现了个人目标，满足了岗位要求，以及展现了足以胜任工作的能力。否则，员工有可能再接再厉，优化和提升自己的工作业绩。

表 9-1 与"关心关爱"和"勇敢奋激"相关的个人目标表述

"关心关爱"的目标表述	"勇敢奋激"的目标表述
探究团队成员行为背后的深层次原因	探究团队成员的内心期望和远大志向
探究团队成员的内在动机	为团队成员提供应对挑战的机会
在工作生活中，团队成员遭遇困境时，给予支持和激励	鼓励团队成员走出舒适区，实现超期望值的卓越成就
确保团队成员有培训机会，掌握过硬的专业技巧，保质保量完成任务	帮助团队成员发挥优势和潜能
当团队成员遇到全新的、挑战性大的任务时，打气并指导	提出更大期望，并给予支持
展示从消极境况中走出来的能力，给予团队成员重新开始的机会	允许团队成员独立找寻解决方法，即便这样做可能带来焦虑和压力
了解和重视变革过程中的人性化的因素	在合适的时机，向团队成员说"不"，并解释原因
提供沟通和反馈	展示将重要任务分配给团队成员的意愿

潜能型领导者不仅能激励人们应对挑战，还能积极引导人们建立实现或试图实现目标的责任心。当你不让别人为自己尝试实现的目标负责时，你便传递了不明确的信号，即你根本不在乎他人是否能实现目标或不认为他们有这个能力。绩效考核是一种非常科学系统的方式，它促使人们为自己的目标负责。这也反映了组织对所定目标和任务的严肃态度。

我们惊讶地发现，在重大的组织变革中，绩效考核通常被排除在外。公司花费大量的时间和金钱推进变革，但在年度绩效考核时，却依然沿用过往指标来评定。因此，我们必须反复向大家发问：绩效考核的意义是什么？要带着这个问题深究绩效考核流程的合理性，看看它是否促进了潜能领导力的良性发展。

我们在前面的章节提到，内驱力是取得卓越成就的关键因素，但不可忽略的是，薪酬待遇对于人们的激励作用同样明显。所谓"赏罚分明""恩威并施"，无论是分撒"胡萝卜"还是挥舞"大棒槌"，激励机制的建立也是影响人们的关键因素。潜能型领导者的表现能够由一些愿景指标来评估，而这些愿景指标的完成程度可以与薪酬待遇挂钩。实际上，像天达资产管理一样，有许多公司都结合发展实际，摸索出一条正式且公正的路径来评估潜能型领导者的表现。

人才培养

建立人才培养体系能让你有底气对公司未来发展进行展望，并通过教育资源的投入，培养人才，以实现公司的目标愿景。因此，在人才培养流程中嵌入潜能领导力的相关理念是很有价值的。

> **"错误观念：人才培养只针对蕴藏巨大潜能的员工。**
> 这一观念是错误的。当你发现个体身上的潜能，并委以重任时，他们更有可能取得更卓越的成就。**"**

人才培养的核心在于发现个体的潜能并帮助他们精进。这意味着让每个人释放自己的潜能，还要符合他们的需要和志趣。潜能型领导者坚信，任何一名员工都蕴藏巨大潜能。通过阅读本书第二章的相关内容，你会相信每个人都拥有超出其想象的潜能。在公司，对于包括你在内的所有员工究竟能够尝试什么、做到什么，我们的认知或许还停留在表面。

将潜能领导力九大特质转化为目标

为了进一步将潜能领导力嵌入组织，我们建议你根据九大特质的相关内容制定如下发展目标，并推动实施。

特质	目标范例
保持冷静	在面临压力时保持冷静，对自己以及他人都要进行压力管理
接纳他人	即便短期表现并不如你所愿，依然要将团队成员当作有感情的个体，尊重和认可他们的核心价值观
发现潜能	持续探究如何培养团队成员，使其能够扮演新的角色，承担新的职责
耐心聆听、细致查问	向他人提出问题，而不是直接告诉他人应当做什么
传递能量信息	与团队成员进行简要、有针对性的交流互动
引导思维取向	即便在有挑战性的时刻，也要聚焦于机会、可能性和成效
鼓励承担风险	在团队成员职责范围外，为其提供应对全新挑战的宝贵机会
激发内驱力	以学习、发展、成长和激发潜能为前提鼓励他人
如影随形	在团队成员需要的时候，展现积极回应、和蔼可亲和能够沟通等特点

鼓励人们走出舒适区，接受挑战时，一次不要选择两个以上的目标。记住，在此过程中，也要给予充分的关心关爱。对照具体目标，结合第二章至第六章培养相关特质的小技巧，开启自己的精进之路。

实际上，要取得辉煌的成功，光靠自己的努力是不够的。我们发现，在辉煌的背后，是各种支持和保障性人际关系，是与教练、老师、导师、朋友、上司等人建立起来的纽带关系。如果你的公司能够帮助每一名员工获得发展，把他们各自释放的潜能聚合在一起，将给公司发展带来积极且深远的收益。

当你深入探究公司应该如何看待人才时，可以参考组织发展研究专家赫布·谢泼德教授的话:"我们天生就是一束束热爱生活、乐观开朗的能量棒,蕴藏着巨大的潜能。"

作为潜能型领导者,你的使命便是找到并鼓励人们释放出所蕴藏的巨大潜能和独一无二的禀赋。

你能横跨大西洋吗?

在课堂上,我们总会向学员们提出这样一个问题:"你能游泳横跨大西洋吗?"不出所料,几乎没有学员举手。随后,我们向学员们讲述本·勒孔特的故事。为了纪念去世的父亲,筹集癌症研究经费以及向女友求婚,本决定游泳横跨大西洋。经过74天,5980千米的距离,本成功横跨大西洋。

讲完本的故事后,我们再次提出:"你能游泳横跨大西洋吗?"这次,我们还进一步阐释:"我们问的不是你们是否想游泳横跨大西洋,而是能否游泳横跨大西洋。"这一次,许多学员举手。

通过转变公司看待人才的态度,你能够不断拓展自身影响力。如果公司关于人才培养的基本假设是:人们的潜能是有限的,发展空间也是有天花板的。你和其他领导者便是以一种悲观的态度看待人才培养。也就是说,你和公司都没有展现潜能领导力。

相反,如果公司鼓励和支持你以及其他管理人员承担潜能型领导者的责任,去激发他人潜能时,你们就要做到如下几点。

- **接纳他人**。人们被欢迎、被接纳、被重视时,才能完全坦诚地吐露心迹。
- **发现潜能**。正所谓"知人者智,自知者明",通常情况下,人们无法发现自己的潜能以及所能获取的成就。作为潜能型领导者,你的职责便是持续不断地发掘人们的潜能。当越来越多的领导者采用这种方式，公司将会持续不断地迸发出巨大的潜能。
- 为人们提供承担必要风险的宝贵机会。公司需要创造条件，让员工获得充分训练，给予他们领导力责任、项目任务和具有挑战性的工作，人们的潜能才能真正激发出来。

仅仅转变培养人才、激发潜能的态度是否就能促进公司发展？当然不是。实际上，选择什么样的方式培养人才与投入多少资源培养人才，是促进公司发展的一体两面。在这里，我们想要传递的关键信息是，只有"每个人都有巨大潜能"成为公司的共识，公司才能改造为安全基石。这样，员工们会有意愿参加能力培训，并为公司发展全身心投入，承担必要风险。人才培养是一个良性的互动过程。在理想状态下，管理层与其他员工以互惠互利的方式为公司贡献智慧与才能，取得发展业绩。也就是说，公司为人才培养投入优质资源，员工们也要积极作为，主动承担自身成长进步的责任。

问问自己：
★ 对于人才培养，公司采用了什么样的方式？
★ 公司将人们视为潜能有限的庸才还是潜能无限的天才？
★ 人才培养工作只针对一小部分蕴藏巨大潜能的员工还是全体员工？
★ 通过人才培养，公司希望获得什么？

国家层面的人才培养

接下来这个故事是全员人才培养的典型例子，彰显了博爱、慷慨的人道主义精神。

国库控股（Khazanah Nasional Berhad）是马来西亚的国家主权财富基金，也是马来西亚政府的战略投资控股公司，由丹斯里·阿兹曼领导。公司与马来西亚政府合作，构建大规模的领导力和人才培养项目，是全公司层面推进潜能领导力的典型例子。为了不各自为战，该公司与其他20家公司联合建立和开发了大规模的人才蓄水池。按丹斯里·阿兹曼的说法，此举旨在形成人才高地，而不是人才洼地和孤岛。

当然，说服20家公司加入该计划，并搭建高效畅通的人才交流渠道并非易事。各公司的首席执行官必须精诚合作，奠定信任基石，共同商定具体机制和运转方式，让最优秀、最卓越的人才在蓄水池内自由流动。

各公司的首席执行官一致认为，该项目的目标是为马来西亚培养人才。时任国库控股战略资源管理部高级副总裁的穆罕默德·卡迈勒·哈吉·纳瓦威解释道："该计划是为马来西亚培养人才的重要举措。为实现这一宏伟目标，20家公司的首席执行官结合公司自身人才培养实际情况，坐在一起共商人才大计，这本身就是一次重大突破。面向国家未来发展，我们要摒弃狭隘的权术博弈，不再将人才作为公司的私有财产。如果我们能够建立一个巨大的人才蓄水池，即使个别公司失去个别人才也没有关系，因为我们是为国家建立人才蓄水池。"

此外，各首席执行官还一致认为，培养人才的最佳方式是体验式学习，而畅通人才流通渠道便是提供体验式学习的重要方式。丹斯里·阿兹曼说："体验式学习的具体方式包括给予拓展任务、应对艰难困境以及走出舒适区等，这些具体方式为人才培养奠定了良好基础。拥有安全基石，会有更多的学习机会。这一学习经历是具有变革意义的。"

你的影响力范围

如果你供职的是一家跨国公司，那么其人力资源体系就超出了你的管理范围。当然，我们并非让你"知其不可为而为之"，我们希望你结合实际情况，将潜能领导力的相关理念运用到你的团队成员、工作实践以及组织文化方面。比如：

- 在撰写岗位介绍时，囊括所有或某些潜能领导力的特质。
- 设定个人目标，涵盖一个或多个特质。
- 在反馈意见或教导对话过程中，彰显潜能领导力的理念。
- 将"以表现为导向"的奖励纳入考核，以此奖励潜能领导力的行为。

明确目标、愿景和任务

为了将组织打造成安全基石，目标、愿景和任务便是你需要关注的第三个领域。人们需要与人和目标建立良性纽带。组织目标、愿景和任务的确立能够将深层次的"关心关爱"和"勇敢奋激"根植于全体员工，甚至其他利益相关者的内心深处。[7]

组织声明及安全基石角色

人们能够与组织的短期年度目标、长期发展愿景或者任务使命建立纽带。由于对这些概念的表述不同，我们统称为"预期目标声明"。实际上，无论我们怎么称呼，如果公司能够"自强不息"，即展现高水平"关心关爱"和高水平"勇敢奋激"，组织就可能打造成全体员工的安全基石。

多数情况下，"预期目标声明"都聚焦于目标结果。

- 10∶10∶10——到2010年，在10个领域取得10%的增长目标。
- 5005——到2005年，取得50%的增长目标。
- 在所有被选类别中获得第一名。

虽然这些声明都提及了期望实现的目标结果，但却没有展现潜能领导力"关心关爱"的方面。最佳的预期目标声明总是将"关心关爱"和"勇敢奋激"融合在一起。让我们看看下面这个故事，是利乐集团在2002年确立发展愿景的过程。

2002年，苏珊所在的团队参与了利乐集团全新发展愿景的确立工作。之前的愿景仅仅是反映集团所在行业的一个声明，即"成为，并始终成为世界顶尖的食品饮料加工和包装企业"。随着公司内部对修改发展愿景的呼声不断高涨，为了让愿景彰显公司精神内核和做事激情，首席执行官尼克·施赖伯组建了一个小型的项目团队。为确立发展愿景所应包含的元素，项目团队先后走访、征求了公司各个部门数百号人的意见。经过共同努力，新出炉的发展愿景为"我们致力于确保安全的食品在任何地方皆随手可得"，不仅辨识度高、流传度广并能激发集体荣誉感，而且经得起岁月的洗礼和时间的检验。[8]

值得注意的是，利乐集团将"我们"一词写入发展愿景声明，既能激励引导全公司两万名员工围绕公司愿景迸发潜能，也能为致力于"勇敢奋激"的员工注入"关心关爱"的不竭动力。

比起短期的目标声明，愿景声明会将公司"关心关爱"的理念融入进去，因为愿景涉及的时间线更长，涵盖的相关利益者更广。例如，服装生产商巴塔哥尼亚：

做最好的产品，杜绝不必要的危害，通过商业活动激发并实施应

第九章　将组织打造成安全基石

对环境危机的解决方案。

费尔蒙特矿物公司：

我们——费尔蒙特矿物公司，致力于在承担商业、社会和环境责任的道路上不断超越自我，追求卓越。

全食超市：

健康的食品，强健的人类，生机勃勃的星球。

星巴克：

激发并孕育人文精神——每人、每杯、每个社区。

让人们接受"预期目标声明"

大多数公司都有如上述崇高的目标声明，甚至那些深陷丑闻，对人际关系造成巨大损害的公司也有类似的声明。然而，仅仅拥有愿景或者使命声明并不能将组织打造成安全基石。这类声明需要真实可信，在员工中产生巨大反响，继而成为他们日常生活不可或缺的一部分。那么，如何才能做到如此深层次的贯通融合？

毫无疑问，最重要的一步便是高层管理者的亲自参与。如果公司领导者对于这些预期目标声明只是口惠而实不至，该声明将很快被所有人遗忘。如果在日常工作中，领导者经常提及声明中所反映的价值理念，并积极运用这些价值理念指导决策，声明才能发挥其实际功效。

让人们接受预期目标声明是持续推进的过程。一次演讲、一封邮件、一次会议或一段公司发布的视频是远远不够的。若要"将组织打造成安全基石"，需要向深层次推进，需要坚持不懈。实际上，一位高层管理人员曾回忆，要成为大型跨国公司的首席执行官，对于预期目标声明的反复提及或许是最需要学习和掌握的理念。

"在日常工作中，我反复强调公司核心理念的重要性和必要性，甚至当我认为核心理念已经被传达出去时，我仍反复提醒自己传递的次数还不够，公司愿景、使命和价值观，再怎么强调都不为过。"

记住将预期目标声明反映的精神内核和预期行为嵌入人力资源流程中。这能够确保更高水平的可行性和问责制，彰显你对预期目标的严肃态度。

庆祝预期目标的实现

就像潜能型领导者会为某人实现个人目标或任务而表示祝贺，你的组织也应当庆祝预期目标的实现。尤其是在追求长期且激动人心的愿景和使命的过程中，与其等完全实现再庆祝，不如对取得的每一次阶段性成就及时庆祝。如果团队只是一个任务接着一个任务地干，完全不庆祝，那就成了率先垂范型领导风格，管理者也成了"刚愎自用者"。

什么时候愿景和使命最具力量和吸引力？在人们认为很难但也能够实现的时候。通过点亮道路上每一个成功的瞬间、每一个成就时刻，团队最终建立起赢得最终胜利的信心。这种道路上的不断肯定和认可能够形成积极且自我强化的良性循环，即"我洞见目标，我实现目标，我洞见下一个目标"，这就能引导人们将组织视作自己的安全基石。

成效

索奴·施夫达撒尼和伊娃·施夫达撒尼开创了享誉世界的酒店集团——六善酒店。该集团将马尔代夫和东南亚地区作为经营主区域，被《康泰纳仕旅行者》等高端旅游杂志评为最具期待、最值得一去的世界级酒店。本书作者之一邓肯曾有机会与该集团的高层领导力团队以及分布在世界不同地区的团队领导者共事。在六善酒店集团，最令人印象深刻的是员工们的忠诚感。毫无疑问，作为个体，索奴和伊娃符合安全基石的定义。就创始人引领公司未来发展这一模式而言，创始人的个人秉性和领导力风格很大程度反映在公司的文化理念上，而这也恰好是创始人致力营造的。

对于索奴和伊娃，员工内心充满爱戴。在员工眼里，他们不仅是为他人提供"关心关爱"的不竭源泉，也是"为顾客提供最佳服务体验"理念的坚定捍卫者。他们授予员工对应的职责和相应的权限。例如，所有员工都拥有用于纠错纠偏的个人预算。当服务中出现不可避免的失误时，具体负责的员工能够动用个人预算为顾客提供免费饮料或者其他形式的赔偿。这一举措彰显了高层领导者对一线员工的充分信任。同时，也有助于增强品控，通过回顾个人预算的去向及用途，领导者能够精准地发现服务流程中亟待解决的系统性问题。当然，员工也将承担更大职责，为顾客提供细致、周到、得体的服务，尤其出现失误时。

作为顾客，能明显感受到员工们高度的工作热情。就好像每个人都被直接授权、直接问责，与酒店的兴衰紧密相连一样。在提供最佳服务方面，高级管理者和一般员工没有本质区别，你感觉自己被集团的所有人"关心关爱"着。

索奴和伊娃是真正意义的潜能型领导者。通过树立榜样、设置预期目标、采取具体措施，他们将潜能领导力的相关概念嵌入公司的文化内核。他们将公司打造为员工和顾客最坚强的安全基石。正因如此，他们拥有一支高效的团队，一支能够在竞争激烈且变幻莫测的行业大背景下获取卓越成就的团队。

当你将团队或公司打造为安全基石时，你的影响力将从身边人扩展到全体员工。你不仅助力系统性的绩效提升，还为创新发展奠定基础。

投入度

当人与人，以及人与组织建立良性纽带关系并融合为一张大网时，人们的工作热情就像空气和水一样成为公司的属性。在艰难险阻面前，人们会更具韧性，更能适应。他们会用尽一切办法、拼尽一切力量去维系与组织这个安全基石的纽带关系，而不会在任何时候不辞而别。当组织充分信任个人时，个人也会积极响应组织号召，以"勇敢奋激"的精气神将个人理想的实现融入组织的发展中。他们坚信一切皆有可能，他们将组织的发展愿景当作自身矢志不渝、不断追求的崇高目标。

创　新

创新源自好奇心、开放、兴趣、学习、创造力、团队协作、榜样认可、心理安全、尝试以及在尝试过程中接受失败的勇气。无论是以人还是以组织的形式存在，安全基石都能够提供创新所需要的有利因素。创新不仅仅是技术方面的，更是思想方面的——人们的奇思妙想。通过对纽带关系的关注，组织能为人们的创新动力提供支持和安全感。人们会认为，即便面对不可避免的失败和挫折，他们仍然能获得有力支持。此外，公司的远景目标和未来可能性将为人们提供宝贵机会，让人们专注于变革的益处而不仅仅是风险和代价，而变革正是创新流程中的重要一环。

在现实世界中，我们见证过这样一些公司，它们所营造的文化理念和经营哲学与潜能领导力的精神内核高度契合。在这些公司中，无论高层领导者还是基层员工，它们的日常行为都彰显着"关心关爱"和"勇敢奋激"。在这些公司中，"潜能领导力"的理念以不同的形式展现，并常常与"潜能领导力"这个名称没有直接或者明确的关系。既能提供"关心关爱"，又能激励"勇敢奋激"的公司是最佳潜能领导力的体现，即通过重视应对挑战和提供有力支持践行"自强不息"理念。总之，这些公司致力于将自身打造为安全基石，并持续不断地提供安全感、激励和力量。

> **学习重点**
> - 当组织重视建立纽带关系并实现预期目标时，它便成了员工的安全基石。
> - 如果你在工作中能做到体恤和关爱，你便能将潜能型领导者的相关理念融入团队和组织。
> - 致力于将组织打造为安全基石，你需要在三大领域下功夫：
>   让领导积极参与，发挥榜样作用。
>   人力资源管理。
>   目标、愿景和使命。
> - 你倾尽心血打造"关心关爱"和"勇敢奋激"的文化氛围，会让组织或团队践行"自强不息"的理念。

常见问题

问题：如果我的公司与潜能领导力理论格格不入，我该如何应对？

回答：不要站在现行政策和公司文化理念的对立面。如果你不具备高层管理人员的身份就推进变革，将让你备感痛苦且收效甚微。最好专注于你影响力范围内，在自己团队内部积极推进变革。

问题：你真应该看看与我共事的那些人！你怎么能说每个人都蕴藏潜能呢？

回答：我们认为，每个人都蕴藏着自身从未意识到的潜能。这并不意味着每个人都具备做首席执行官的能力，而是指如果给予机会，他将会展现独一无二的禀赋和潜能，承担更多的使命和任务。

问题：我是否应该对所有人一视同仁？我们没有充足的条件把每个人都送去参加培训。

回答：虽然你可以"无条件地积极认可"每个人，但你仍然要针对每个人实际情况和需求制订专门的培训计划。如果在某一领域，有的人确实触碰到了天花板，作为潜能型领导者，你的职责便是为他找一个全新的领域继续培养，这将带来更多的贡献。

第十章

让你的领导力和组织更人性化

走出舒适区，去没有路的地方留下痕迹。

拉尔夫·沃尔多·爱默生 | 美国散文家、演说家和诗人

（1803—1882）

阿尔贝托·C.沃尔默是委内瑞拉的一位商人，他经营着家族企业圣特雷莎朗姆酒酿酒厂。2000年2月，有近500个家庭搬到阿尔贝托18 300英亩的农场建起了房屋。阿尔贝托深知强求他们离开或报警皆无济于事。他与这500个家庭的代表谈判后提出，如果州政府同意为这些家庭修建房屋提供资金，他将为100个家庭提供土地和住房建造方案。与此同时，阿尔贝托要求州政府同意为其他400个家庭寻找住所。阿尔贝托说："我想达成一个可接受的协议，这意味着要找到一个共同的谈判基础。这个共同点就是建立一个'有尊严的家园'。虽然对方无法拒绝，但这也并非能够轻易完成的事情。"

这个社区被称为"皇家大道社区"。"我们为拥有一个家而奋斗，感谢上帝，我们终于有了一个有尊严的家，我们的孩子将会以我们、以我们所争取的温馨之家而自豪。"首批入住者之一尤米拉·阿基诺说。阿尔贝托邀请这些家庭去酿酒厂，参与由酿酒厂出资承办的职业培训项目。几年后，入住家庭的一位家长请阿尔贝托做自己儿子的教

父。又过了几年，这位家长被阿尔贝托公司的基金会聘用，并接受了社区项目经理的培训。

2003年，阿尔贝托遇到一个难题。当地帮派成员偷走了一名保安人员的枪，并差点射杀了自己。最终，这些帮派成员被酒厂保安人员抓住。阿尔贝托介入处理，要求保安人员解开手铐。然后，他与帮派成员进行谈判，让他们做出抉择：要么把他们交给当地警方，要么为酿酒厂工作。虽然没有工资，但有免费的膳食和在职培训机会。

帮派成员接受第二种选择，并最终成为自食其力的劳动者。阿尔贝托回忆说："我们必须想得更远，如何改变这些人的现状，让他们自力更生、自食其力？"他解释说，"这不是施舍，而是提供一些可持续的发展机会。"帮派头目请求阿尔贝托让其他帮派成员参与培训项目。当阿尔贝托看见另外22名帮派成员出现在自己眼前时，他感到很惊讶。

这个非官方的培训项目发展成为"恶魔岛工程"（Project Alcatraz），这是一个非常成功的尝试，它改造帮派成员，将他们训练成有用之才，也使社区大受裨益。"恶魔岛工程"的伟大使命是"消除犯罪却不使用暴力"。阿尔贝托说："我们做的其中一件事就是提供橄榄球训练，不是因为橄榄球在委内瑞拉特别流行，而是为他们树立了正确的价值观。这是一项需要身体接触，更需要保持绅士风度的运动。"

参与者学习不同的手艺与技能。他们建造传统的和非传统的住宅，并从事极品咖啡的生产。其中五人已成为持证橄榄球教练，他们还从社区招募了500多名新球员。其他人成了保安，其中两人更是成了政府部门部长的保镖。这个为期3个月的项目还包括心理辅导、社区服务和公民价值观培训。通过培训，参与者接受了这个项目的理念——暴力滋生暴力，信任带来信任。

"年轻人来'恶魔岛工程'的原因是,他们看到了男子汉的楷模。我们对帮派头目说,把你的领导力转移到有用的事情上。暴力只会显露你的软弱,化暴力为美德,这需要真正的勇气。"

阿尔贝托没有以暴制暴——这可能是轻而易举的本能反应,阿尔贝托没有这么做,而是选择了富有创新精神并且看起来稍显"不合理"的路径。

像其他潜能型领导者一样,阿尔贝托非常认可父母对自己产生的积极影响。

"我的妈妈经常给我们念英雄故事。从这些英雄事迹中,我深受鼓舞。父母经常向我灌输'履行职责使命'的理念。我的父亲还曾说过这样一句话,'无论国家发生什么,无论是积极正面还是消极负面的,你都应该分担责任'。父亲的话指引着我的人生方向。"

阿尔贝托还提及了家族祖先所产生的积极影响。"从远处着眼是他们能够最终战胜艰难险阻,应对任何风险挑战的核心理念。"

阿尔贝托的故事表明,有了激励,领导者可以站在先人的肩膀上对个人、组织乃至社会生活产生巨大影响。有了勇气,通过应对挑战并以协同合作建立强有力的人际纽带,他不断践行"自强不息"的理念。当然,阿尔贝托展示了潜能型领导者身上的所有可能性。

然而,最值得注意的是,阿尔贝托看到了困境中的人性光辉。在他看来,闯入他的农场建造房屋的是人,不是问题。帮派成员是充满潜能的年轻人,而不是等着被起诉的罪犯。他将嘉信理财集团首席执行官沃尔特·贝廷格的理念付诸实践:"作为领导者,关注人性的美好是至关重要的。"

在故事中，阿尔贝托把自己遭遇的问题与社会需求联系起来，他在决策时，总是以更广阔的视角出发。简言之，阿尔贝托将潜能领导力提升到了一个新的水平。他使自身的领导力更人性化，这正是我们应该效仿的。

当我们要求高级管理人员回顾与我们朝夕相处的学习历程时，他们经常告诉我们，"感觉自己是人"了，或者说他们"重新触碰到尘封多年的人性光辉"。不知何故，在多年的公司生活中，他们的人性光辉被隐藏起来。在我们项目所提供的支持性和挑战性环境氛围中，他们能够充分体验到梦想、希望、情绪、尚未和解的痛苦和家庭关系。他们描述自己"感觉又活过来了"，或者说"这改变了生活"，又或者说他们"重新发现了自己失去的那一部分"。

这种重新感受到生命律动的体验再次彰显了我们使组织更加人性化的使命。我们希望更多的人在工作中感受生命的活力。这就是我们致力于讲授和书写有关组织生命理论的原因，这不仅能让人们实现预期目标，更能绽放生命的光辉。

毋庸置疑，我们立身于一个快速发展、不断变化、充满危机和动荡的世界。每天，你都能通过新闻报道看到世界的波动性、不确定性、复杂性和模糊性。如果你像我们遇到的大多数高管一样，那么你也正生活在这样的一个世界里。

我们认识到 21 世纪商业领域的艰难现实。我们知道公司需要变革才能生存和发展，我们担忧变革的传统推进方式。我们注意到随着市场、竞争和经济的发展变化，公司管理越来越丧失人性化，或者这可能是营商环境恶化的必然反应。我们看到更多的公司更关注效率和发展，而不是关注人。忽视人，将付出极大的代价，这个问题值得关注。

我们的研究成果和过往经历使我们意识到，潜能领导力具有重要的现实意义。它能在动荡和模糊的商业世界里让你的企业找到位置和方向。安全基石提供的"关心关爱"和"勇敢奋激"，正是当今动荡世界中公司安身立命所需要的。

无论实际情况怎样，实现组织的人性化都是一个很大的挑战。首先，要让自己的领导力人性化，并通过树立榜样，直接或间接影响他人。

—— 让你的领导力人性化 ——

让组织人性化，你首先应该向他人敞开心扉。为此，你需要关照自己的人性光辉。通过阅读本书，不断向自己询问我们强调的问题，并完成各种练习，开启个人的修行旅程。

托举你的希望和梦想

要想让自己更有活力、更人性化，你需要找到一种切实可行的方式来提升你的希望和梦想、激情和喜悦、信念和决心，以及对工作和生活的热情。我们一直引导你成为潜能型领导者，就是希望不仅能用这些积极的力量去激励他人，也能激励自己。

是什么在阻挡正能量的传递？最常见的莫过于不能用悲伤化解失丧。这一问题的重要性，怎么强调都不过分。如果你在应对人性化挑战的过程中遭遇挫折和阻碍，请特别关注第七章中的领导力生命线训练。探索你生命中的安全基石是使你找到人生快乐的最直接方式。

展示弱点

记住，表达情感是力量的象征，眼泪是勇气的小徽章。不要害怕暴露你的弱点。弱点中埋藏着人性，人性中蕴含着力量。

我们多次看到，当领导者敞开心扉时，其他人也会敞开心扉，这就建立起了纽带关系。通过表露情感，领导者为他人提供了建立纽带关系的机会，人与人之间的关系也发生了变化。以前疏远和疏离的人变得愿意合作和亲近。虽然他们可能仍然不同意领导者的决定，但他们相信领导者的意图是好的，并由此尽力而为。

鼓舞身边的人

当你有意识地寻找、提升身边人的潜力和才能时，你将获得真正可持续的卓越成就。用潜能领导力理论来说，这意味着保持竞争性挑战和进取思维的同时，还注重发展牢固、持久的人际关系。心灵之眼始终专注于践行自强不息的理念。

—— 让开展工作的方式更人性化 ——

不断扁平化的层级结构和知识经济的发展，意味着命令和控制、自上而下的管理、终身雇用以及攀爬式晋升路径都日渐式微。公司组织工作的方式，或者更准确地说，领导者开展工作的方式，会在人性方面产生积极或消极的影响。你可以通过改变一些传统的方式，甚至尝试一些新方式开展工作，使组织更人性化。

24小时在线

你的公司是否允许员工有休息时间？他们在晚上、清晨和周末是否可以不再想工作的事情？作为领导者，在工作之余，你是否拥有足够的休息时间来保持创造力和生命的活力？或者，非紧急情况下，你是否随时给员工派发任务？神经科学研究结果表明，人们可能对查看电子邮件上瘾：每一次查看，都会接收到小剂量的多巴胺（我们大脑的"快乐化学物质"），以提升愉悦感。

当大脑得到规律的休息时，它的运转效率会更高。戒掉你可能的电邮瘾，并鼓励你的同事和团队也这样做。注意向别人发出的信号。

成功的四个"D"

谈论鼓舞人心的目标是一回事，而把它们付诸实施则是另一回事。虽然公开目标有助于完成目标，但要认识到，真正实现目标还需要持之以恒的努力和钢铁一般的纪律。我们提供了一些建议，以帮助你将"使公司更人性化"的承诺落到实处。

认真地回答关于成功的四个"D"（Desire, Discipline, Determination and Development，即期望、自律、决心和发展），就能表明你对成功和目标的认真程度。

- 对于目标，你是否真正充满期望（Desire）？这种期望具体是指紧盯许下的承诺。
- 你是否愿意约束自己，以自律（Discipline）获取成功？为了把事情做得更好，你愿意尝试哪些方法？愿意做出什么样牺牲？你的日常工作思路是什么样的？
- 当你遇到困难时，有决心（Determination）继续前进吗？你将如何克服遭遇的失败与挫折？
- 谁会帮助你、激励你，让你走出"舒适区"，让你持续发展（Development）？你将如何庆祝成功，如何衡量与评价一个又一个里程碑式的成就？

问问自己：

★ 晚上和周末，我能否尽量关掉手机和电脑，让自己回归本真，同时也能影响他人这样做？

花时间建立人际纽带关系

无论是在生产车间还是在管理会议上，公司开展工作的方式是否允许人们互相了解、谈论自己并建立良性纽带关系？或者，公司是否只追求结果而缺乏人性关怀，不重视人们之间的纽带关系？

日复一日，你和其他领导者的工作状态是否会传递出一个信号，即你们最看重、最关注的，是员工本身还是他们所完成的工作？仔细思考，在你的影响力范围内，为建立人际纽带关系能创造出什么条件。

认识到虚拟团队的人力成本

科学技术的日新月异，虚拟工作模式越来越受青睐，组织架构越来越分散。以项目为导向的工作方式，使员工与具体工作任务和项目相关的同事拥有了更紧密的纽带关系，而与公司及其他同事的纽带关系却变得不再稳固。类似"居家办公"和"弹性工作"等听起来非常人性化的工作模式，其实会进一步分化职场群体。虽然这些趋势在很多方面是积极的，但确实使人与人之间的工作纽带关系更难以维系。

解决这一问题的关键或许就在眼前。这些被称为"Y时代"的员工，是在互联网时代长大的。阿什里奇商学院（Ashridge Business School）和领导力与管理学院（Institute of Leadership and Management）共同发起了一项研究调查，发现了"Y时代"员工的一些特征。具体如下：

- 自由和独立。
- 与上司的关系更像是教练和朋友，而不是传统意义上的管理者与被管理者。
- 工作与生活的兼顾。

对于如何与"Y时代"员工打交道，该研究给出的建议是尽可能使公司人性化，让每个人都受益：

- 接纳"Y时代"员工的特征，将其作为个人需求和期望的真实表达，而不是作为需要剔除的性格缺陷。
- 强调沟通。定期、公开地讨论每个员工的个人期望和抱负，以及如何更好地将期望和抱负与其本职工作和公司目标结合起来。在不减损履职尽责的前提下，授予员工最大限度的自主权。
- 采用教练式的领导方式，而不只是控制和下达命令。[1]

── 解决实际问题时更人性化 ──

随着领导权力和责任的扩大，你会意识到，自己所要决策的内容，彻底落实是如此复杂。对于领导者而言，有些挑战是无法逃避或委托他人来应对的。当你在做决策时，如果多考虑人的因素，多采用人性化的手段去解决问题，你便在"让公司更人性化"方面前进了一大步。相反，如果你经常忽略员工个性化的合理需求，你就可能剥夺了公司发掘员工个人潜能的机会。

> **行动计划**
> 花时间把你成为潜能型领导者的承诺，转化为切实可行的目标和行动计划。

记住，要把大目标分解成小步骤。例如，当你决定跑马拉松时，不要一上来就挑战26.2英里或42千米。你可以从短距离、短时长的跑步开始，然后不断加码。同样的方法，也适用于实现任何预期目标，包括成为潜能型领导者。在对标最终目标的同时，想想每天可以采取的小步骤，并把注意力集中在完成这些小步骤上。

遵循以下指导，迈出你个人旅程的最初几步。

(1) 起草你认为最重要的三个目标，并确定下一步的行动。

思考：

- 对你来说，这些目标是否具体且明确，是否有实现的意义？你所设定的目标会影响谁？当你实现这些目标时，受其影响的人会有什么反应？
- 目标的吸引力和挑战性如何？
- 你如何衡量进展和成效？目标实现后你将如何庆祝？
- 你会与谁交流这些目标？
- 你为完成每项行动和目标设定了怎样的时间表？

小提示：

- 记住，你的目标应该是具体的、可衡量的、可操作的、符合现实的和有时间计划的。
- 立足当下来制定你的目标。你需要根据当下的状态而不是未来状态采取行动。

(2) 向你信任的人讲述你的目标和行动方式。描述你打算如何监督进展状况，直至目标实现。

(3) 在学习和发展进程中，根据反馈完善自己的目标。

裁员时要人性化

裁员、解雇、调整规模、重组等词语都是企业非人性化的表述。领导者通常把裁员视为一种法律行为，而不考虑是否人性化，因此也从不考虑裁员对当事人的影响。在公司中，关于人事问题更多地由人力资源等相关部门独立处理，而不是与相关人员的部门经理协同进行。在很多情况下，严格统一的流程和集中式调度，取代了坦诚的对话和个性化的计划。

美国曾发生过这样一则社会新闻：一名男子的儿子不幸离世。在妥善处理好儿子的丧葬事宜后，该男子重返工作岗位，却在当天被解雇。而且，解雇的方式更糟糕：没有任何口头交流，只有一张解雇通知书放在他的桌子上。这种行为有什么人性化可言？

相较于被解雇本身，非人性化的解雇方式更让人感到愤怒和痛苦。当人们感到自己被非人性化对待时，他们便会诉诸法律。

如下这个罗杰的故事说明，裁员的方法有很多。

欧洲一家大型跨国公司宣布对在美国的一家工厂进行大规模裁员，作为管理团队成员，罗杰从瑞士飞往美国，当面向员工解释这一决定，并说明一家成功、盈利的公司，裁员行动是必要的。虽然员工们对失去工作闷闷不乐，但对罗杰飞过来勇敢地站在他们面前，负责任地对接后续事宜的行为，他们仍心存感激。事实上，罗杰向员工们表示了足够的尊重，并且通过公开对话的方式保证了他们的尊严。

申诉、骚扰和暴力

对许多公司而言，申诉和骚扰委员会有其存在的必要性：这是员工的安全基石，能为员工提供必要保护。然而，根据我们的经验，当潜能领导力成为公司的常态和主流时，员工便不再需要这类委员会。

如果领导者以尊重、亲切、关怀和人性化的方式进行对话和解决冲突，问题在呈送至委员会之前就已得到妥善处置。用尊重和关爱的方式解决问题，不但可以维系人际纽带关系，还能使人们感到被尊重，而不是被忽视、被冒犯或被排斥。

当问题被当事人所在的部门忽视或回避时，个人情绪便会升级。受伤害的一方会感到孤立和被疏远，他们可能会采取攻击行为，甚至诉诸暴力。在报刊杂志、互联网上，我们都能看到某公司员工在工作场合实施极端暴力行为的例子。这类行为的开端总是与不尊重、挫折或悲伤的情绪相关联。汉斯·托克认为，任何暴力行为都可分为三个阶段：

- 个人首先感到不被尊重，随即不尊重别人。
- 个人正因为自己不被尊重，而无法控制自己的行为。
- 然后另一方以防卫的方式予以回应。[2]

当潜能型领导者保持冷静和同理心，并以尊重的态度对待他人时，他们可以在第一个阶段就阻止事态恶化，把问题解决在萌芽状态。那些围绕潜能领导力理念构建、培养人们所需技能的公司，能够使整个组织更人性化，也能减少工作场合中的申诉、骚扰和暴力事件。

公司并购过程要人性化

公司并购会影响员工的工作，甚至伤及他们的情感。在并购过程中，员工可能会被粗暴对待，也可能会被采用下面这个故事中格伦的应对方式，以"自强不息"理念，重视每个人的情感价值。这个故事将告诉我们，当领导者以人性化方式解决职场问题时，奇迹便有可能发生。

并购后,一家大型跨国公司着手优化其发展战略,原来的销售队伍中有很大一部分人员不再被需要。然而,任何裁员都可能造成巨大问题,因为合并后的一方——我在那儿担任欧洲商业发展部主管——有着长期雇用的传统。对此,一个解决方案是留住员工,但要将不需要的业务转售出去。

对于能否达成相关协议,首席执行官和财务总监都持怀疑态度。在3个月时间里的3次谈判皆以破裂告终,谈判桌上没有敲定任何解决方案。我的经理让我带领一个团队促成相关谈判。他一直对我很有信心,经常鼓励我去探索新的商业模式。

为找寻切实有效的解决方案,我排除万难,将"心灵之眼"投向积极面。我深信,上司对我和我的团队很有信心。经过不懈努力,我们达成了一项该行业从未有过的协议。具体说,该协议保证合并后销售团队的每个成员都有3年的工作机会,仍然在原来熟悉的区域工作,保有目前的职务和福利,并有机会参与3种新产品的销售。这不仅是为员工们谋福利,也是为新合并的公司保驾护航。因为通过这一协议,公司得到了一个现成的、经验丰富的销售团队。

近1000名员工从这一协议中受益。对此,我非常自豪。当然,达成这一协议是艰难的,因为我们必须说服我们的管理团队、职工协会和所有相关国家的工会,阐释这一协议的必要性和合理性。对我来说,最好的时刻是当德国分公司的总经理宣布这一协议时,250名员工起立鼓掌,他们认为公司做出了正确决策,他们也保住了工作。

再看一下另一个关于潜能领导力的实际例子。

我们本书策划团队成员玛丽参观英国金融机构北岩银行(Northern

Rock）一家分行时，经理向她讲述了理查德·布兰森维珍金融（Virgin Money）收购北岩银行的诸多细节。布兰森给每位员工都发了一封极具个人风格的信件，外加一本他的自传。经理还透露，布兰森骑着摩托车在全国各地旅行，拜访维珍金融即将接管的每一家分行，亲自与员工会面。他公开向北岩银行员工保证，大家在未来三年仍将保留原来的职位。

布兰森的行为不仅让被收购公司的员工得到安抚和深受鼓舞，还影响了银行数千名客户和其他投资者。布兰森以自己独特的方式关怀员工，展示了自身以及公司人性化的一面。

问问自己：
★ 我怎样才能让自己的领导力更人性化？

—— 让你的使命更人性化 ——

当今，最伟大、最具深远意义的转变之一是，公司在使命和目标中愈发关注社会责任和环境责任。当使命与广义层面的社会责任相关联时，公司便与员工，甚至顾客建立了更密切的联系。这类使命能够引导人们运用公司这个更大的平台为社会做出积极贡献。公司也通过这一使命激发员工为社会做贡献的强烈意愿。让我们看看下面这个故事中的总经理，是如何为公关经理提供其在工作中展现人性关怀的宝贵机会的。

詹姆斯·内维尔是英国乳品营养企业弗拉克的总经理。他思想活跃，雄心勃勃。虽然从某些传统指标来看，詹姆斯的这家家族企业算不上规模巨大，但是多个经营品类让企业与供应链的所有环节都产生了密切联系。"我们或许是唯一一家从农场购买乳制品，再经过加工，将成品卖给农民和国际食品制造商的企业。"2010年，根据自身影响力和企业定位，詹姆斯明确了公司的全新使命：引领英国乳品加工业可持续发展。"减少乳制品生产对环境造成的影响，这是实实在在的挑战和机遇。此外，满足人们的营养需求、农村发展需求和经济发展需要，也是这家企业的使命。我们希望通过自己的努力，让乳品加工业不仅在环境层面，还要在商业层面变得可持续。如果一家本应存续下去的奶牛场生意不景气，则意味着一家小规模企业即将破产，这会让农村经济变得疲软。我希望利用弗拉克的影响力确保行业未来的发展活力。"

经过一年多的研究和筹划，弗拉克与行业同人一道发起"乳制品联盟2020"，作为创始成员，弗拉克将自身的使命融入联盟宣言中。乳制品供应链上的相关利益者以前所未有的方式聚在一起，共同制定可持续乳制品行业的蓝图，并努力为世界的可持续发展贡献力量。

于是，詹姆斯将相关拓展工作交给公关经理安迪·理查德森，鼓励他不仅要使弗拉克在联盟中发挥应有的作用，还要承担起协调各方的额外职责。安迪说："虽然工作繁忙，但这给予我一次宝贵机会，让我不仅为行业发展，还能为国家兴盛贡献自己的力量。这一充满荣誉的工作仅靠个人力量无法完成。在'乳制品联盟2020'中，我见到了政府官员和行业领导者。我对自己所做的贡献，对于詹姆斯取得的成绩，对于行业目前的发展方向感到无比自豪。"

我们发现，许多像詹姆斯这样的潜能型领导者不会拘泥于自己的部门、分公司、总公司，甚至是整个行业，他们通常有更高的站位、更广阔的视野。许多领导者致力于设立社会层面的目标，让员工和相关利益者备感鼓舞和兴奋。回想我们本书介绍的所有潜能型领导者，你是否还记得理查德·布兰森、克丽丝塔·布雷尔斯福特、阿奇姆·卡米萨、伊琳娜·利奇迪、兰迪·鲍什、老特德·肯尼迪、保罗·鲁塞萨巴吉纳和艾伯托·沃尔默，他们都是通过自身努力对社会产生了巨大影响。

我们认为，上述人物将社会责任转变为企业发展使命和目标的倾向，源自潜能型领导者的"心灵之眼"，他们最大程度地聚焦于积极面和潜能，化腐朽为神奇，变不可能为可能。就像攀岩中的保护者一样，站在地面上，能够从更宏大的视角扫视岩体表面，而不像攀爬者，只能看见离自己几英寸的岩面。保护者就像潜能型领导者，能够给予攀爬者宝贵的机会，取得超出自我认知的卓越成就。例如，保护者可以说："在你右手两点钟方向有一个手抓小凸起。"保护者还会从更高层面不断提醒攀爬者："还有10英尺就登顶了！"同样，潜能型领导者也能提醒追随者，让他们认识到自己所做的贡献。

大英帝国勋章获得者罗伯特·斯万是一名极地探险家和环境保护者。他将自己描述为一个"极其愚蠢，步行至南北极两端的第一人"。罗伯特将自己的一生毫无保留地奉献给南极洲的生态保护事业。他通过倡导可循环利用、可再生能源和可持续发展，与全球变暖做着艰苦卓绝的斗争。罗伯特发起了"使命2041"倡议，积极倡导人们加入保护南极洲生态环境的队伍中。他向来自世界各地的公司和政府分享自己的核心理念和领导力课程。他说："作为地球上最后一块尚未被开发的处女地，南极洲将在至少2041年前受到保护，禁止钻探和采矿。今天年轻人所做出的抉择将会影响到我们整个星球的环境系统以及地球未来的环境。"他与许多公司保持密切合作，开展可持续性南极之旅活动。活动中，被选中的企业管理人员可以借此锻炼自己的领导力才能，还能为地球环境做一些建设性的贡献。

罗伯特说，赢得他人的信任至关重要。当你信任他们时，他们会变得更有效率，对需要做的事情精益求精。"领导力的核心并不总是如何领导。"他说，"有时是如何提供支持保障。"在组建团队时，选择那些给你以挑战和帮助的人至关重要。或许，你不一定非要喜欢他们。

罗伯特坚定地致力于保护南极洲的使命，他恳求所有人胸怀大志：你只有一次生命，专注于那些可持续的事业上。

我们相信，让公司更人性化将使公司认识到，应该对社会发挥积极作用。对许多人而言，公司人性化转变意味着不断改变和革新商业领域一些根深蒂固的观念。这种转变事关后代存续，即我们将为后代子孙留下什么样的遗产和资源；这种转变事关地球的永续发展，因为我们知道无休止地索取和破坏地球，将对人类生存造成何种程度的威胁。这种转变还事关对"知足知止"理念的切实践行，因为我们知道与其对并不需要的东西贪得无厌，不如专注于戴安娜·科伊尔所说的"知足知止经济学"。[3]

提及社会责任，我们可以从人际纽带和"心灵之眼"两个维度去思考。就人际纽带而言，我们将履行社会责任视为与更广泛的利益相关群体建立更深入、更有关切感的纽带联系的一种方式。更广泛的利益相关群体涵盖公司生存发展所涉及的诸多领域，比如自然环境保护、完整的生产供应链或更广泛的社区。与这些群体建立纽带联系意味着从纯粹、精致的"利己主义"，转向更广泛意义上的、更加慷慨、更加博爱的"利他主义"。就像与个人建立纽带联系一样，与利益相关者建立纽带联系也需要保持好奇心，接受他人的价值观和立场不同的观点，进行深入对话，并以上下求索的态度应对和处理事情。当你抓住机会改善与更广泛利益相关方的关系时，你便提高了公司的人性化水平。

就"心灵之眼"而言，重要的一点是要看到社会责任带来的各种可能性。无论大小，每一个变化都能使我们受益匪浅。你的角色是让团队或组织的注意力集中在这利益上。就社会责任而言，公司所能获得的益处远远超出简单意义上的股份价值和股东利益。积极关注更广泛利益相关群体的所思所忧，您将为公司注入鼓舞人心的人性化力量。

问问自己：

★ 我怎样才能让公司更人性化？

你最持久的领导力机遇

当今世界瞬息万变。我们毫不怀疑，在短期内，适应能力和生存驱动将使得许多公司获取成功。更高效、更灵活、更具适应性是很多公司取得成功的关键。但这些成功付出的代价是什么呢？具体来说，公司为取得成功让员工们付出了什么代价？我们担心的是，在追求高效、精致、适应性和创新的过程中，公司对人的关注度可能会降至最低水平。当一种"为了生存，我们不得不这样做"的心态在主导公司时，人性化将不会存在。

问题是：你能做些什么？

你可以以"关心关爱"促进"勇敢奋激"。如果你致力于成为潜能型领导者并积极践行"自强不息"理念，在应对挑战时，你会既寻求生存发展，也注重良性人际纽带关系。你不会因为自己面临压力而任由人际纽带撕裂甚至断裂。你也不会随意地、大肆地裁员，仅仅因为这是为实现目标耗费精力与成本最少的捷径。你会不停地问自己："我们应该如何行事，才能在获取卓越成就的同时，保持人文关怀？"

始终树立"自强不息"理念是一件轻而易举的事情吗？当然不是。你仍然需要做出一些艰难的决定，而这些决定可能会对员工或其他利益相关者产生负面影响。

树立"自强不息"理念源自你的心态、你的领导力方式和你为人处事的原则。如果你将员工看作冷冰冰的数字，可以随意增减，你的公司或许能生存下来，但无法繁荣发展。相反，如果你从根本上相信人本身是有价值的，是善良、美好的灵魂，而不仅仅是金钱层面上的资产，你会以完全不同的视角做出决定。在立场态度、情绪状态和人性方面，你将处处以潜能领导力理念行事。由此，你做出的艰难决定也会被理解，并被高度认可和赞许。你在实现预期目标的同时，会不断提升公司员工的成就感和荣誉感。

一个可以做自己的地方

创造了虚拟网络世界"第二人生"（Second Life）的林登实验室（Linden Lab），真正体现了"让公司更人性化"的理念。进入该公司网站，能找到有关公司文化的完整描述。其中的一部分内容引起了我们的注意。

"在公司使命中，爱是精神内核。我们从彼此的陪伴、不同员工的性格秉性和所遇到的逸闻趣事中体验工作的快乐和意义。我们之所以在这里并肩作战，是因为我们对世界上的一切奇迹和彼此的善意敞开怀抱；即使是我们当中的愤世嫉俗者，也会不情不愿地认同'一切皆有可能'的观点。这是一个可以做自己的地方,我们请求你所做出的抉择,能够让身边的同事展现最好的一面。"

该公司还有一个名为"爱的机器"的内部反馈机制,这是一个基于内部网络的系统,允许人们互相发送感谢信。这些记录会被收集起来,作为绩效评估的一部分,并可能带来一笔小额的经济奖励。

虽然在风格或语言上,像"爱的机器"这样的想法可能不适合你的公司文化,但它至少表明该组织应该增强和促进公司人文建设。

在你的公司,你能采取哪些措施呢?

除去睡觉,人们大部分的时间都花在工作上。因此,你所遇到的每个公司,既可能是促进人们成长进步、繁荣发展的天堂,也可能是让员工不断贬值的地狱。由地狱到天堂,扭转局面的关键是领导力,而领导力的本质就是矢志不渝地践行潜能领导力。作为潜能型领导者,你能为别人树立成就奇迹的榜样,即在这个变幻莫测的世界中,人们确实有无限可能。

我们致力于通过潜能领导力来实现组织的人性化,当你成为一名潜能型领导者时,你首先激活了自己的人文精神,进而是他人的人文精神,最终使你的组织实现人性化。享受这趟爱的旅程吧!

附　录

关于研究

2006年至2010年期间，我们进行了两部分研究，以验证潜能领导力理论，并明确其在公司中的重要价值。

我们三位作者都拥有丰富的个人经验，这让我们对研究工作有更多的见解。我们三位作者加起来总共花了60年的时间进行理论研究，并最终形成了"潜能领导力"的概念。我们的大部分经验源自与世界各地各行各业、数千名高管的教学活动和业务合作。在与他们的近距离接触中，我们了解到，课堂上所教授的内容在实际管理中发挥了积极作用。无论是在培训计划结束时的反馈中还是在后续项目的交流活动中，我们听到了一个又一个成功的例子。虽然这些案例令人兴奋，但我们还需要一些更明确的东西来构建潜能领导力的相关概念。因此，我们开展了一项长达数年的研究，我们团队中的许多成员也都全程参与。在乔治·科尔里瑟和瑞士洛桑国际管理发展学院的大力支持下，该研究成果写入了邓肯·库比的毕业论文中。当时，他正在凯斯西储大学攻读组织行为学博士学位。

本研究包括两大部分：首先是初步的定性研究，以形成潜能领导力特质；然后是大规模的定量研究，测量潜能领导力对公司实现重要目标的影响。

研究一：潜能领导力特质的发展

描述

通过归纳式定性研究来确定潜能领导力的维度。

目标

在组织运行的大背景下，更深入地了解与潜能领导力相关的行为和特征。

参与者

我们的研究团队确定了 60 位组织领导者。

- 主要来自欧洲、美国和亚洲
- 平均年龄 48 岁
- 男性占 70%，女性占 30%

这些参与者是我们遇到的高效领导者中的典范和代表。为了确保与我们的目标受众产生最大的共鸣，我们有意缩减了首席执行官的占比。

受访过程

研究团队按照半结构化的流程进行采访。因此，访谈的一个重要部分是针对对象的回答提出一系列额外的探索性子问题。这些子问题使我们能够优化数据的深度和丰富度，涉及参与者的语言习惯、行为举止、个人故事、实际工作和眼界认知。

研究成员记录了采访内容，然后进行梳理。我们关注的重点是与安全基石和潜能领导力有关的故事，这些故事阐明了我们的研究理论。

所涉及的问题包括：

- 在你的童年和青年时代，谁对你帮助最大？谁奠定了你的自信，鼓励你去探索、创造和实现目标？

- 你能告诉我一个具体的时间或时刻，在这个故事中，谁对你的影响是特别重要的？他们说了什么？他们做了什么？让你学到了什么？
- 除了父母和直系亲属，谁在你的成长过程中对你影响最大？
- 作为一个成年人和一个领导者，谁是对你最有影响力、帮助你最多的人？为什么？他是怎样做的？
- 请告诉我一个你遭遇失败、挫折或危机的经历。你向谁请求帮助？为什么？他当时说了或做了哪些对你有帮助的事情？
- 请给出一个你作为领导者帮助他人的例子。你是如何帮助别人建立自信并激励他们去探索、创造或实现目标的？你说了什么？做了什么？他们的反应如何？

分　析

根据格拉泽和施特劳斯提出的扎根理论（Grounded Theory），研究人员采用严格的多步骤流程对访谈进行分析。

首先，其中 10 份采访内容被反复阅读。这一步使研究人员能够沉浸于数据中，并创建一阶代码。在对访谈内容的初步阅读中，研究人员围绕具体的行为举止进行记录，总共记录了 37 种一阶行为。然后，研究人员将这 37 种行为进行分类，形成二阶分组，包括：

- 询问和倾听
- 接纳他人
- 积极的思维方式

然后，研究人员重新阅读访谈内容，以检查这些分类的有效性，确保访谈中描述的所有行为都可以归入这些类别中。

随后，研究人员对二阶分组进行了更充分的描述，而且收集了相应的样本证据。这些信息以口头和书面的形式与3位合作研究人员进行分享。然后，研究人员一起阅读这些内容，进行可信度分析。其中两名合作研究人员阅读了全部60份访谈，另一名阅读了其中5份。

结　论

通过这个过程，这些分组内容在质量上被确认为具有代表性。本书中潜能领导力的规律性认识便是这样形成的。

研究二：潜能领导力特质测试

在确定了潜能领导力的特质后，研究团队想知道这些特质是否可以成为评测组织绩效优劣的关键要素。也就是说，潜能领导力与组织绩效是否是正相关的关系。

描　述

这是推演式定量研究，旨在检查潜能领导力和组织绩效变量之间的关系。

目　标

为了求证践行潜能领导力理念的领导者将产生怎样的领导力绩效。

参与者

参加瑞士洛桑国际管理发展学院高管培训项目的学员。

作为准备工作的一部分，参与者是通过一项在线调查确定的。除了自己参与，参与者还被要求邀请他们的直接下属和上级经理参加。

因此，有三组不同的参与者：

- 领导者（领导力项目的参与者）
- 下属（领导者的直接下属）
- 上级经理（领导者的管理者）

我们对多个项目进行了研究，实验并改进了我们招募调查参与者的方法。

在研究过程中，我们调查了近千人。领导者绝大多数是男性（85%），这反映了大型跨国公司中高级领导者的性别结构。在"追随者"中，女性的比例则高一些（30%），这也反映了大型跨国组织的性别结构。

调查设计

第一步，我们创建了一个用工具来测量潜能领导力特质的方法。这是基于第一个研究的结果而形成的。潜能领导力的综合支持人数是本研究的自变量。

第二步，我们测试了潜能领导力与其他现有的和固定下来的组织变量是否有正相关关系。我们为本研究选择了三个主要因变量：

- 领导者的领导力效率（领导者在多大程度上被他的经理和直接下属认为是高效领导者）
- 工作满意度（直接下属的工作满意度）
- 心理安全感（直接下属对尝试新事物、犯错误和分享观点感到安全的程度）

分　析

分析涉及许多不同的定量方法，从基本的相关性分析和回归分析扩展到更高级的结构方程建模。

结　果

通过分析，我们发现潜能领导力特质与领导力有效性、工作满意度和心理安全感的结果变量之间存在正相关关系。潜能领导力的相关行为举止促成了这三个结果。

显然，潜能领导力并不是影响这三个结果的唯一因素。然而，我们的研究提出了令人信服的理由，即如果领导者始终表现出潜能领导力特质，他将更有可能实现这些结果。

结　论

无论是在现实境况下与高级管理人员的共事经历，还是关于潜能领导力成功应用的实质证据，都支持我们的研究结果。这两个研究不仅提供了对潜能领导力特质的丰富描述，也提供了其对重要结果（如领导者效率和工作满意度）产生积极影响的证据。

注　释

前言

1. 理查德·布兰森，《致所有疯狂的家伙》（伦敦：埃伯里出版社，2009年）。
2. 理查德·布兰森，《当善行统治商业》（纽约：企鹅出版社，2011年）。引自理查德·布兰森旗下网站http：//www.virgin.com。

第一章

1. 我们知道，在英语或其他语言中"关怀"这个词表达的意思可能不大明确。所谓"关怀"，我们指的是领导者所带来的稳定军心的效果。
2. 约翰·鲍尔比，《安全基地：依恋疗法的临床应用》（伦敦：Tavistock/Routledge出版社，1988年），第11页。
3. J.W.安德森，《户外的依恋行为》，载于《有关儿童行为的行为学研究》，N.布鲁顿·琼斯编（剑桥：剑桥大学出版社，1972年），199–215页。
4. 约翰·鲍尔比，《安全基地》，第11页。
5. 我们认识到可能存在消极负面的安全基石：虽然他们是让你感到安全，鼓励你探索未知和承担冒险的人，但所得到的结果是消极负面的，或者最终目标是伤害他人。想想历史上那些能够说服一大群人违背自己或他人意愿的领导人。例如，1978年在圭亚那的琼斯镇，吉姆·琼斯说服他的追随者自杀，最终导致909人死亡。在本书中，我们关注的是激励我们在生活中取得积极成果的安全基石。
6. 沃伦·本尼斯，"学会领导"，《最佳主管》第13期（1996年）：第7页。

7. 米莎·波珀和阿法拉·梅瑟利斯,"本问:将育儿视角应用于变革型领导力",《领导季刊》第 14 期(2003 年):第 48 页。

8. 米莎·波珀和阿法拉·梅瑟利斯,《本问》,第 50 页。

9. 《时代周刊》特辑"2011 年十大热门图书和十大非虚构类图书第 2 名:《史蒂夫·乔布斯传》,沃尔特·艾萨克森著",作者:列夫·格罗斯曼,http://www.time.com/time/specials/packages/article/0,28804,2101344_2101108_2101118,00.html #ixzz1jERQAHFQ,2012 年 1 月 12 日访问。

10. "盖洛普关于参与度和信任感的调查。追随者想从领导者那里得到什么?与灌输信任、同理心、稳定和希望相比,'愿景'显得苍白无力。汤姆·拉思和巴里·康契,《基于优势的领导力》,"《盖洛普管理杂志》2009 年 8 月。

第二章

1. 奥伦·哈拉里,《提高执行力 24 原则》(纽约:麦格劳-希尔出版社,2004 年),第 1 页。

2. 丹尼尔·戈尔曼,《情商:为什么情商比智商更重要》(纽约:班坦出版社,1995 年),15-32 页。

3. 卡尔·R. 罗杰斯,《生存之道》(波士顿:霍顿·米夫林公司,1980 年),第 116 页。

4. 吉姆·柯林斯,《从优秀到卓越》(伦敦:兰登书屋,2001 年),197-204 页。

5. 丹尼尔·平克,《驱动力:在奖励与惩罚都失效的当下如何焕发人的热情》(纽约:河源出版社,2009 年),第 23 页。

6. 埃里克·伯恩,《心理治疗中的沟通分析》(纽约:格罗夫出版社,1961 年),第 13 页。

7. 保罗·埃克曼,《真情流露》(伦敦:猎户星出版社,2004 年),51-52 页。

8. 克雷格·哈斯德,《正念、幸福和表现》,《神经领导力杂志》第 1 期(2008 年):1-7 页。

9. S.I. 德沃金,S. 米尔基斯和 J.E. 史密斯,《可卡因的反应依赖与反应独立表现:药物致命效应的差异》,《精神药理学》117/3(1995 年):262-266 页。

10. 罗伯特·M. 萨波尔斯基,"高压记忆:一点压力能增强记忆力。但是在长期压力下,心理状态画面并不美好",《科学美国人脑科学》,2011 年 9-10 月。

11. 埃内斯托·罗西,《基因表达的心理生物学:治疗性催眠和治疗艺术中的神经科学和神经发生》(纽约:诺顿出版社,2002 年)。

12. 克雷格·哈斯德,《了解你自己:压力缓解计划》(墨尔本:米歇尔·安德森出版社,2002 年)。

13. 安德斯·K. 埃里克森,迈克尔·J. 普里图拉和爱德华·T. 科克利,"专家的形成",《哈佛商业评论》,2007 年 7-8 月。

14. 本杰明·布鲁姆，《锻造青年才俊》（纽约：巴兰坦图书集团，1985 年）。

第三章

1. 比尔·费希尔和安迪·博因顿，《创意猎手：如何找到最好的创意并让它们成为现实》（旧金山：乔西·贝斯出版社，2011 年），第 25 页。
2. 杜安·P. 舒尔茨和西德尼·艾伦·舒尔茨，《人格理论》，第九版（贝尔蒙特，加州：沃兹沃斯出版社，2008），第 166 页。
3. 约瑟夫·奇尔顿·皮尔斯，《魔童：重新发现大自然对孩子的馈赠》（纽约：达顿出版社，1977 年），第 72 页。
4. 星际现代科学，"镜像神经元"，朱莉娅·科特导演的在线视频，http://www.youtube.com/watch?v=XzMqPYfeA-s（第一部分），http://www.youtube.com/watch?v=xmEsGQ3JmKg（第二部分），2012 年 1 月 12 日访问。
5. 维莱亚努尔·S. 拉马钱德兰，《泄密的大脑：一位神经科学家对人类特征的探索》《人类意识之旅》（纽约：诺顿出版社，2011 年），134-135 页。
6. 丹尼尔·戈尔曼，《原始领导力：激发情商的力量》（波士顿：哈佛商业评论出版社，2002 年），327-332 页。
7. 丹尼斯·雷娜和米歇尔·L. 雷娜，《工作场所中的信任与背叛：在公司中建立高效关系》，修订版和扩充版，第 2 版（旧金山：贝儿特·科勒出版社，2006 年）。
8. 盖洛普研究，"民意调查显示德国人只是为了生活而工作"，2004 年 1 月 21 日，http://www.dw-world.de/dw/article/0,1094681,00.html，2012 年 1 月 12 日访问。
9. 约翰·H. 弗莱明和吉姆·阿普斯隆，《人本西格玛：管理员工与客户的沟通交往》（纽约：盖洛普出版社，2007 年），151-170 页。
10. 卡尔·R. 罗杰斯，《生存之道》，第 116 页。
11. 比尔·克林顿，《我的生活》（纽约：克诺夫出版社，2004），第 25 页。
12. 卢英德·努伊，"我获得的最佳建议"，CNN 财经频道，http://www.money.cnn.com/galleries/2008/fortune/0804/gallery.bestadvice.fortune/7.html，2012 年 1 月 12 日访问。
13. 玛丽安娜·威廉姆森，《爱的回归：对"奇迹课程"原则的思考》（纽约：哈珀·柯林斯出版社，1992 年），第 165 页。
14. 乔尔·拉斐尔森主编，《未出版的戴维·奥格威》（纽约：皇冠出版集团，1986 年）。

第四章

1. 迈克尔·李·斯托拉德，《星巴克首席执行官的内心独白》，www.michaelleesta

llard.com/howard-schultzs-broken-heart，2012 年 3 月 30 日访问。

2. 悲伤愈疗研究教育基金会，"痛苦指数：美国职场中隐性的痛苦年度成本"，2003 年，http：//grief.net/Articles/The_Grief_Index_2003.pdf，2012 年 1 月 12 日访问。

3. 用其中一人的话来说："损失比收益更大。积极期望和消极期望或经历的力量之间的这种不对称充分反映在生物进化史中。把威胁看得比机遇更紧迫的生物，有更好的生存和繁殖机会。"丹尼尔·卡尼曼，《思考，快与慢》（纽约：Farrar, Straus and Giroux 出版社，2011 年），第 282 页。

4. BBC 新闻，"2011 年 6 月 3 日，不可分割的双胞胎修士相隔数小时去世，享年 92 岁"，http：//www.bbc.co.uk/news/world-us-canada13651149，2012 年 1 月 12 日访问。

5. 詹姆斯·林奇，《破碎的心：孤独的医学后果》（纽约：基础读物出版社，1977 年）。

6. 伊丽莎白·J. 卡特和凯文·A. 佩尔弗瑞，"是敌是友？威胁和友好社交方式动态信号认知所涉及的大脑系统"，《社会神经科学》第 3 期（2008 年）：151-163 页。

7. 戴维·洛克，"围巾：与他人合作和影响他人的基于大脑的模型"，《神经领导力杂志》，2008 年第 1 期，http：www.davidrock.net/files/NLJ_SCARFUS.pdf，2012 年 1 月 12 日访问。

8. 马修·D. 利伯曼和娜奥米·I. 艾森伯格，《社会生活的痛苦与快乐》，《神经领导力杂志》第 1 期（2008 年）。

9. 伊丽莎白·库伯勒·罗斯和戴维·凯斯勒，《论痛苦和与痛苦和解：通过与痛苦和解的五个阶段找到其中的意义》（纽约：斯克里布纳出版社，2006 年）。

10. 《痛苦指数：美国职场中隐性的痛苦年度成本》，2003 年。

11. 马修·D. 利伯曼，《为什么情感的符号处理可以缓解消极情感：社会认知和情感神经科学的研究》，《社会神经科学：理解社会心理的基础》，亚历山大·B. 托多罗夫、苏珊·T. 菲斯克和黛博拉·普伦蒂斯主编（牛津：牛津大学出版社，2011 年），188-207 页。

12. 以洛萨达和赫菲的研究为例，他们发现，比起主张倡导，倾向探究查问的团队表现得更好（马西亚尔·洛萨达和埃米莉·赫菲，《积极性和连接性在商业团队绩效中的作用：一个非线性动力学模型》，《美国行为科学家》第 47 期（2004 年）：740-765 页）。这种对耐心聆听和提出问题的偏好也可以联系到格林利夫的仆人式领导力（罗伯特·K. 格林利夫，《仆人式领导力：合法权力和伟大的本质之旅》，纽约，波士顿：保罗传道士出版社，2002 年），戈尔曼、波亚兹斯和麦基的教练式领导力风格（丹尼尔·戈尔曼，安妮·麦基和理查德·波亚兹斯，《原始领导力：实现情商的力量》，波士顿：哈佛商业评论出版社，2002 年），以及斯里瓦斯特瓦和库铂里德的赏识型领导力（苏雷士·斯里瓦斯特瓦和戴维·L. 库铂里德，《赏识型领导与管理》，旧金山：乔西-巴斯出版社，1999 年）。

13. 还可以参考：英格丽德·本斯，《团队群策群力的实践指南：辅导员、团队领导者和成员、经理、顾问和培训师的核心技能》，带 CD，新修订版（旧金山：乔西-巴斯，2005 年），马克·古尔斯顿，《倾听：研究与任何人沟通交流的秘密》（纽约：美国管理组织，2010 年），玛德琳·伯利-艾伦，《倾听：被遗忘的技能——自我教学指南》（奇切斯特：威立出版社，1995 年）。

第五章

1. 兰迪·鲍什和杰弗里·扎斯洛，《最后的演讲》（纽约：海匹润出版社，2008 年）。另见：http: //www.thelastlecture.com，2012 年 1 月 12 日访问。
2. 毛绒老虎"跳跳虎"和毛绒驴"屹耳"是 A.A. 米尔恩"小熊维尼"童书系列中的人物。跳跳虎活泼、活跃、健谈，很少感到悲伤或沮丧。屹耳行动缓慢，疲惫不堪，很少说话，总是看到生活中消极的一面。
3. 伊丽莎白·J. 卡特和凯文·A. 佩尔弗瑞的《是敌是友？威胁和友好社交方式动态信号认知所涉及的大脑系统》，《社会神经科学》第 3 期（2008 年）：151-163 页。
4. 卡罗尔·S. 德韦克，《自我理论：动机、个性与发展的根源》，《社会心理学论文集》（费城：泰勒-弗朗西斯出版集团，2000 年）。
5. 罗伊·鲍迈斯特，《意志力：重新发现人类最伟大的力量》（纽约：企鹅出版集团，2011 年）。
6. 正田裕一、沃尔特·米歇尔和菲利普·K. 皮克，《从学前延迟满足实验中评估青少年认知能力与自我调节能力》，《发展心理学》第 26 期（1990 年）：978-986 页。
7. 科里·帕特森、约瑟夫·格雷尼、戴维·马克斯菲尔德、罗恩·麦克米兰和艾尔·史威茨勒，《影响力》（纽约：麦格劳-希尔出版社，2008 年），第 116 页。
8. 彼得·迈耶斯和尚恩·尼克斯，《演讲言之有物深入人心的秘密》（纽约：奥特里亚出版社，2011 年），第 155 页。
9. 克雷格·哈斯德，《冥想是获得幸福的一种工具》，在 2006 年"幸福及其原因"会议上的演讲，http: //www.themeditationroom.com.au/Documents/Meditation_as_a_tool_for_ happiness.pdf，于 2012 年 1 月 12 日访问。
10. 让-弗朗索瓦·曼佐尼和让-路易·巴苏，《失败准备综合征：克服期望的潜流》（波士顿：哈佛商学院出版社，2002 年）。
11. 塔利·沙洛特，《乐观的偏见：非理性积极大脑之旅》（纽约：万神殿出版社，2011 年），56-58 页。
12. 阿特·加德纳，《赢家为何获胜》（格雷特纳，路易斯安那州：鹈鹕出版公司，1981 年）。

13. 将硝酸银软膏涂在伤口上的技术是从20世纪70年代开始的一种治疗方法。
14. 安迪·格鲁夫,《只有偏执狂才能生存:如何解决企业危机》(纽约:皇冠商业),1999年)。
15. 米哈·波珀和欧芙拉·梅瑟里斯,《领导发展的构建模块:一个心理学概念框架》,《领导与组织发展》,第28期(2007年):664-684页。
16. 比尔·乔治,《真实的领导:重新发现创造持久价值的秘密》(旧金山:乔西-巴斯出版社,2003年)。
17. 劳伦斯·伯西迪、诺埃尔·蒂奇和拉姆·查兰,《CEO作为教练:对美国联合信号公司的劳伦斯·伯西迪的采访》,《哈佛商业评论》,2000年6月。
18. 杰奎琳·伯德和保罗·洛克伍德·布朗,《创新方程:在组织中建立创造力和冒险精神》(旧金山:乔西-巴斯/菲佛出版社,2003年)。

第六章

1. 哥伦比亚广播公司,《小肯尼迪谈他的父亲》(葬礼弥撒),http://www.youtube.com/watch?v=a_bbl5DkUQY,2012年1月12日访问。
2. 米哈里·契克森哈伊,《福流:最优体验心理学》(纽约:哈珀出版社,1990年)。
3. 丹尼尔·戈尔曼,《富有成效的领导艺术》,《哈佛商业评论》,2000年3月。
4. 爱德华·德西和理查德·莱恩,《内在动机和外在动机:经典定义和新方向》,《当代教育心理学》第25期(2000年):54-67页。
5. 丹尼尔·平克,《驱动:关于激励我们的惊人真相》(纽约:河源出版社,2009年),第23页。
6. 马丁·德赫斯特、马修·古思里奇和伊丽莎白·沫儿,《激励人们:超越金钱》,《麦肯锡季刊》,2009年11月,http://www.mckinseyquarterly.com/Motivating_people_Getting_beyond_money_2460,2012年1月12日访问。
7. 洛德瑞克·吉尔奇和克林特·凯尔茨,《认知健康》,《哈佛商业评论》,2007年11月。
8. 理查德·瑞安和杰罗姆·斯蒂勒,《内化的社会背景:父母和教师对自主、动机和学习的影响》,《动机与成就的进展》,第7卷,编辑:保罗·平特里奇和马丁·L.迈尔(康州格林威治:JAI Press出版社,1991年),115-149页。
9. 玛丽·安斯沃思、玛丽·C.布莱哈、埃弗雷特·沃特斯和莎莉·沃尔,《依恋模式:陌生情境的心理学研究》(新泽西希尔斯代尔:埃尔博姆出版社,1978年)。

第七章

1. 保罗·鲁塞萨巴吉纳与汤姆·佐尔纳合著,《平凡之人》(纽约:企鹅出版社,2007),

注释 287

第17页。

2. 杰克·伍德和皮耶罗·佩德利耶里,《从你的领导力项目中获得最大收益》,《经理人视角》/IMD(2004年):113页。

3. 你的孩子不应该成为你的安全基石。当父母把孩子当作安全基石时,这是破坏性的,因为孩子需要自由地探索和被保护,而不是被置于看护他人的角色。把他们放在那个位置,只会给他们带来太多压力和责任。只有当父母变老并且角色发生变化时,子女才应该是父母的安全基石。然后,在爱的指引下,成年的孩子可能会成为父母的安全基石。也就是说,家庭单位和大家庭当然可以成为安全基石。

4. 丹尼尔·平克,《驱动:关于激励我们的惊人真相》(纽约:河源出版社,2009年)。

5. 约翰·卡多尔,《伟大的约定:强生公司的过去和未来》(新泽西新不伦瑞克:强生公司,2004年),第146页。

6. 查尔斯·S. 雅各布斯,《管理重组:为什么反馈不起作用以及最新脑科学的其他令人惊讶的教训》(纽约:企鹅出版社,2009年)。

7. 《催眠下手术无痛》,《医疗程序新闻》,2008年4月20日,http://www.news-medical.net/news/2008/04/20/37534。2012年1月12日访问。

第八章

1. "分析专家"提供了一个关于你作为潜能型领导者的快速自我评估。一个经过测试的360°反馈工具可以根据你的报告、你的同事和你的老板收集更完整的画面。更多信息请联系:duncancoombe@caretodare.com。

2. 多年来,依恋型概念已经被许多研究人员改进和发展,但鲍尔比和安斯沃思的原始想法仍然得到支持。见马里奥·米库林瑟和菲利普·谢弗,《成年期依恋:结构、动力和变化》(纽约:吉尔福德出版社,2007年),25–28页。

3. 金·巴塞洛缪与伦纳德·霍洛维茨,《年轻人的依恋类型:四种依恋模式的测试》,《人格与社会心理学杂志》第61期(1991年):226–244页。

4. 卡伦·霍尼,《神经症与人类成长》(纽约:诺顿出版社,1950年)。

5. 丹尼尔·戈尔曼,《情商:影响你一生的社交》(伦敦:哈奇逊出版社,2006年),40–43页。

6. 这四种能量信号(身体、情绪、心理和精神)的全面影响和重要性在乔治的上一本书《谈判桌上的艺术》中有更详细的探讨。他解释说,当一个人结合了这四个方面时,他与他的"整体存在"进行交流(第126页),并真正进入"与另一个人进行充分参与的对话,通过共享意义共享学习"(第127页)。在这样的对话中,'没有人知道真相'。"这是一种感知，一种解释，一种主观的见解。"在这个相互探索的空间里，可以发生强有力的谈判效果；成功的谈判是对信号的有效感知/解释和有效对话的延伸。

事实上，在《谈判桌上的艺术》（第 152 页）中概述的十个谈判步骤中，找出这四种类型的信号并加以解释是其中六个步骤固有的；下面强调了这六个步骤：

（1）形成人际纽带

（2）把人从问题中分离出来

（3）识别自我的需要、欲望和兴趣

（4）识别他人的需要、欲望和兴趣

（5）使用重点对话

（6）制定目标并找到共同的目标

（7）寻找选择，提出建议，做出让步

（8）为双方的利益讨价还价

（9）达成协议

（10）以积极的方式结束或继续这段关系

详见乔治·科尔里瑟的《谈判桌上的艺术：领导者如何克服冲突，影响他人，提高绩效》（旧金山，加利福尼亚州：乔西-巴斯出版社，2006 年），第六章和第七章。

7. 保罗·埃克曼，"基本情绪"，《认知与情绪手册》，编辑蒂姆·达格利什和米克·鲍尔（英国苏塞克斯：威利出版社，1999 年），45-60 页。

8. 阿尔伯特·梅赫拉比安，《无声信息：隐式沟通》，第一版。（贝尔蒙特，加利福尼亚州：沃兹沃思出版社，1971 年。）

9. 马可·伊科博尼，《镜像人：我们如何与他人联系的新科学》（纽约：法勒，斯特劳斯和吉鲁出版社，2008 年）。

第九章

1. 虽然"结果和关系"不是我们使用的安全基石语言，但它是英国投资银行相关代理的语言。"结果"代表挑战，"关系"代表联系和安全。

2. 这两个奖项都是由《基金欧洲》颁发的，这是一本面向欧洲资产管理专业人士的商业战略杂志。"欧洲资产管理人物奖"特别表彰那些在领导能力、成果和绩效、创新以及实施企业和社会责任倡议方面做出杰出贡献的个人。

3. 合益集团，《危险的关系，兼并和收购：整合游戏》，2007 年, http://www.instituteforgovernment.or.uk/pdfs/white_page r_haygroup_dangerous_liaisons.pdf, 2012 年 1 月 12 日访问。

4. 彼得·基林、汤姆·马尔奈特和特蕾西·克伊丝，《必胜战役：打赢决定企业成败的关键那几仗》(上马鞍河，新泽西：沃顿商学院出版社出版，2006年)。

5. 彼得·圣吉，《第五项修炼：学习型组织的艺术与实务》(伦敦：兰登书屋，1990年)，第48页。

6. 彼得·圣吉，《第五项修炼》，第3页。

7. 组织也可能成为员工以外利益相关者的安全基石；想一想第四章中分享的瑞士航空公司的故事。

8. 注意，句子的末尾没有句号。利乐有意将其省略，以表明愿景没有尽头。

第十章

1. 领导力与管理学院和阿什里奇商学院，《远大前程：领导力与管理的Y时代和阿什里奇商学院》，2011年，http://www.ashridge.org.uk/website/content.nsf/FileLibrary/5B 2533 B47A6D6F3B802578D30050CDA8/$file/G458_ILM_GEN_ REP_FINAL.pdf，2012年1月12日访问。

2. 汉斯·托克，《暴力的人：暴力心理学的探究》(芝加哥：阿尔丁出版社，1969年)，第180页。

3. 黛安娜·科伊尔，《足够的经济学：如何像未来一样管理经济》(普林斯顿，新泽西州：普林斯顿大学出版社，2011页)。

鸣　谢

本书的顺利问世，得益于遇见我们人生道路上心存"关心关爱"和"勇敢奋激"的莫逆知己。从播撒种子到结出硕果，我们对于撰写过程中各方给予的帮助由衷感激。首先，我们非常感谢本书项目团队的三位成员。玛丽·欧·哈拉，她有娴熟高超的项目管理能力，在本书的推进过程中，她穿针引线，积极统筹，建立起促进项目稳步推进的合作纽带；弗雷德里克·维德，他将精妙的研究技巧、想法和见解毫无保留地投入到本书的内容和框架中，并进行了细而又细、实而又实的总结梳理；凯瑟琳·阿姆斯特朗，她时刻保持对工作的热情和责任心，用专业的编辑素养和见解最终打磨成书。没有你们三位的敬业精神、专业知识和专门技能，本书难以顺利问世。

我们感谢瑞士洛桑国际管理发展学院高效领导力项目的主任弗朗西斯科·赛克里，感谢你的真挚友谊，以及你对潜能领导力的深刻洞见和认知。你是真正的潜能型领导者。

俗话说，教学相长。多年来，在瑞士洛桑国际管理发展学院高效领导力项目各类讲堂上，我们有幸帮助成百上千的高级管理人员成长提升。在授课过程中，学员们以无畏的勇气和高度的责任心对自己日常工作中的点滴进行充分回顾和深刻反思。他们的想法、案例和认知使我们备受鼓舞、受益匪浅，在本书的谋篇布局中发挥了重要作用。在这里，我们特别感谢这些愿意分享个人经历，并允许我们将其写入书中的领导者。你们的信任和慷慨使我们能够更加生动地阐释潜能领导力在日常工作中的真实模样。

我们感谢瑞士洛桑国际管理发展学院高效领导力项目的培训师们，特别感谢那些在本书撰写过程中负责调查访问、提供相关支持的培训师，他们是：奥勒·博维、沙伦·巴斯、乔伊斯·克劳奇、伊索贝尔·希顿、琼·皮埃尔·海宁格、安德烈亚斯·诺依曼、罗宾·雷诺、利奥妮·施耐德、库蒂希、本特·托马森和伊拉里亚·维卡克里斯。感谢你们无畏的勇气，以及为本书做出的重要贡献。对于我们而言，你们都是卓诡不伦的存在。

我们感谢瑞士洛桑国际管理发展学院高效领导力项目的合作伙伴：杰米·安德鲁、丹·克莱因、彼得·迈耶斯和特里·斯莫尔。你们的专业认知和无畏勇气为本书增光添彩。

我们感谢瑞士洛桑国际管理发展学院，感谢这所世界顶尖商学院所营造的良好学术氛围。在这里，现实世界的纷繁复杂与思想理论的深邃广博不期而遇。

我们感谢约翰·威立国家出版集团的出版编辑团队，特别感谢编辑罗斯玛丽·尼克松，她的贴心帮助和无私奉献使本书能够最终撰写完成。我们同样感谢尼克·曼妮恩营销团队，以及由迈克拉·费伊和特莎·艾伦领衔的制作编辑团队。

我们感谢玛丽安娜·华莱士和卡伦·夏普对文稿不厌其烦、细致入微的修改润色；同样感谢来自普里查德创意设计公司的马克·普理查德团队，他们为本书制作了大量生动精妙的配图，提升了本书的可读性。

来自乔治的特别感谢：

我特别感谢瑞士洛桑国际管理发展学院院长杜道明始终如一的关心和支持。感谢在瑞士洛桑国际管理发展学院并肩战斗，激励我不断成长进步的教职工同人们，他们是：比尔·费希尔、罗伯特·霍伊博格、卡姆兰·卡莎尼、金卡·特格尔、阿南德·纳拉辛汉、莫里·佩珀尔、本·布莱恩特、普雷斯顿·伯蒂格尔、温特·尼、丹·丹尼森、乔·迪斯泰法诺、乌尔里克·斯蒂格、约翰·威克斯、唐·马钱德、乔基姆·施瓦斯、什洛莫·宾虚和杰克·伍德。

我感谢瑞士洛桑国际管理发展学院的企业发展小组，特别感谢斯坦·雅各布森、希沙姆·埃尔艾格米、吉姆·普尔克兰诺、乔安妮·斯科特、约瑟芬·斯库尔凯特等组员始终如一的关心和支持。同时，我还要感谢马科·曼斯蒂和锡德里克·沃谢，感谢你们围绕领导力研究所展开的持续合作。

我要将最深沉的谢意，致以我在瑞士洛桑国际管理发展学院的研究助理克里斯蒂娜·科托，感谢你的纯真善良、耐心细致和卓越能力。

在与诸多企业高级管理人员共事时，我见证了潜能领导力最真切的模样。在这里，我特别感谢来自马来西亚的丹斯里·阿兹曼、罗山·蒂朗和洪赐铭，感谢你们给我的工作和生活带来的积极影响。

我要感谢丹尼尔·戈尔曼、威廉·尤里、彼得·森齐、比尔·乔治、戴维·罗克、汤姆·彼得斯、吉姆·柯林斯和马歇尔·戈德史密斯。这些思想领袖的著作曾激励我在学术研究的漫漫征途上不断求索精进。

本书的灵感厚植于我有幸拥有的诸多安全基石：利兹·普林格尔、

阿奇姆·卡米萨、戴维·斯坦德·拉斯特、艾伯托·沃尔默、罗宾·弗赖尔、马里克·乌斯藤、学生时代的神父和老师，以及我的父母和曾祖父。

最后，我还要感谢沃伦·本尼斯。就像《人质谈判的艺术》一样，我十分荣幸本书能够成为沃伦·本尼斯系列丛书的一部分。在绵延多年的共事时光里，他总能给予我最大程度的支持，促使我在学术研究爬坡过坎的旅程中愈发坚定勇毅。

来自苏珊的特别感谢：

我感谢用"关心关爱"和"勇敢奋激"不断激励我前行的家人们，他们的激励使得本书最终成形，让我的人生外延不断拓展，他们是：我的丈夫奈杰尔、儿子杰克、女儿悉妮、母亲帕梅拉、哥哥史蒂夫和嫂子翠西。

我感谢尼克·施赖伯，在利乐集团，我们建立了良好的工作关系。感谢他为本书以及我的职业生涯提供的安全基石，感谢我们极为宝贵的友谊。

我感谢安妮·托拜厄斯、乔伊斯·克劳奇、沙伦·巴斯、罗宾·雷诺、琼·皮埃尔·海宁格和迈克尔·凯尼恩。在撰写本书期间，他们扮演着参谋智囊的角色，成为值得信赖的安全基石。我感谢乔伊和约翰尼斯·布朗克霍斯特、埃塞尔和琼·沙洛潘、洛兰和戴维·默多克及杰克和尼娜·奎因，感谢他们源源不断的灵感和信念。我感谢让-弗朗索瓦·曼佐尼和杰克·伍德，感谢你们启发思考的方式和真知灼见。

我感谢利乐集团市场运营管理团队给予我持续不断的激励和灵感。这是一个取得过卓越成就的团队，虽已解散但成员间仍保持着亲密无间的关系，他们是：尼尔斯·比约克曼、菲利普·塔菲尔马赫、阿拉斯泰尔·罗伯逊、史蒂夫·怀亚特、迈克尔·扎卡、埃里克·鲍迪埃、乔治·蒙特罗、克拉斯·迪利茨、凯塔琳娜·埃里克森和安妮·巴斯比。感谢这些年我们所应对的风险挑战、所迸发的奋斗乐趣、所汲取的经验教训，这些是本书实践案例的重要组成部分。

最后，我还要感谢执教和共事过的人们。一路走来，能够遵循本书的精神意志与各位相遇相知，我备感荣幸。一路走来，我们相互切磋，相互成就，对于你们将深藏于心的点点滴滴与我分享，我感激不已，也深受启迪。

来自邓肯的特别感谢：

我感谢我的父母安东尼和帕特里夏，以及妹妹妮古拉和弟弟罗伯特。在与你们的朝夕相处中，我拥有了丰富且深刻的人生体验。我对于安全基石所蕴含力量的深信不疑便是这些体验的直接体现。你们给予我的爱护与关心，指引着我不断在研究和撰写本书的过程中披荆斩棘、奋勇向前。

对我令人敬佩、优雅和坚强的妻子琳达，我的感激之情无以言表。无论是攻读博士学位还是撰写本书，她始终是我最坚实的后盾与依靠。长期以来，我们成为彼此的安全基石，能够与她结成终身伴侣是我此生最大的福分和荣幸。

我感谢戴伦·古德。除了作为研究同事、知己密友和合著作者，他更是我的灵魂伴侣。

我感谢埃里克·尼尔森、戴夫·科尔布、罗恩·弗赖伊和彼得·怀特豪斯。感谢你们在我攻读博士学位期间给予的关键支持，你们在本书撰写过程中所给予的研究帮助，为本书的最终问世奠定了坚实基础。

在这里，我要特别感谢埃里克，感谢你作为潜能领导力的顶尖学者为本书提供的宝贵指导，也感谢你为确保研究内容的严谨和缜密而对关键细节的关注和留意。此外，我要向乔治·科尔里瑟和瑞士洛桑国际管理发展学院致以崇高敬意，感谢你们为这一研究项目投入的巨大支持。我还要感谢戴维·库珀里德和理查德·博亚特兹，感谢你们作为学者的榜样和典范为领导力的不断发展做出的积极贡献。

对于所有塑造过我个人生活和职业生涯的朋友、家人、老师和作者，我始终铭记于心并深表感谢。本书既是我个人成长轨迹的鲜活例证，也是你们在我成长道路上施以积极影响的生动体现，谢谢你们。